社区规划理论与实践丛书

社区规划师
——制度创新与实践探索

刘佳燕　等著

中国建筑工业出版社

图书在版编目（CIP）数据

社区规划师：制度创新与实践探索/刘佳燕等著. —北京：中国建筑工业出版社，2020.9（2023.5重印）

（社区规划理论与实践丛书）

ISBN 978-7-112-25269-5

Ⅰ.①社…　Ⅱ.①刘…　Ⅲ.①社区-城市规划　Ⅳ.①TU984.12

中国版本图书馆CIP数据核字（2020）第106676号

责任编辑：黄　翊　徐　冉
责任校对：王　瑞

社区规划理论与实践丛书

社区规划师
——制度创新与实践探索
刘佳燕　等著

＊

中国建筑工业出版社出版、发行（北京海淀三里河路9号）
各地新华书店、建筑书店经销
北京建筑工业印刷厂制版
建工社（河北）印刷有限公司印刷

＊

开本：787×1092毫米　1/16　印张：11　字数：212千字
2020年10月第一版　　2023年 5月第三次印刷
定价：**58.00**元
ISBN 978-7-112-25269-5
　　（36043）

序 一

　　本丛书的社区规划概念在中国的学术建设、学科建设和社会建设中均具有创新意义。以往的学术专业上分别有城市规划和社区研究，而社区规划是规划与社区的结合，仅此一点就颇具创新涵义。社区既是"物"的存在空间，也是"人"的生活空间，社区的公共物品因人们的使用而具有了功能属性、美学意义和象征意义，在这个过程中也形塑了人们互动的形式和深度。所以，作为城市规划产品的社区物质空间就因人的存在和互动而产生了价值标准。我们认识到，不能因研究领域的分割而分裂现实生活的完整性，社区规划突破了传统学科研究的界限，创新了对完整社会、完整社会事实认识的探索。

　　据老一代社会学家费孝通先生回忆，汉字里的"社区"一词是20世纪30年代，费先生与同学们一起在翻译来访的美国芝加哥学派著名社会学家R·帕克讲课中使用的community一词时提出的。所以，社区是一个典型的社会学概念。而关于规划、城市规划的概念，过去主要是建筑学的专业术语。由此看来，"社区规划"概念体现了社会学与建筑学这两大学科的结合。在经典社会学家的著作中，社区是在一定空间范围内，具有共同生活方式、情感和传统的生活共同体。大量的研究表明，居民参与公共活动是培育共同体最为核心的内容，而社区的公共活动空间在其中起到了很大的作用；然而，从目前的理论体系的建构上看，社区物质空间与社区共同体的互动机制还不甚清晰。当前的社区规划实践，是一个建筑学者和社会学者共同参与的领域，社区规划结合了社会学和建筑学各自的优势和特点，对深入认识社区运行机制和提升社区品质具有重大意义。在实践层面，社会学通过动员规划学者和居民的共同参与，将作为建筑结果的社区空间规划规范化，赋予其以活力和价值关怀；建筑学通过对功能、布局和审美的绝佳把握，为社会互动设计了最恰当的表达场景，激发了人内心的美和潜能，为社会团结创造了坚实的空间基础。在理论层面，建筑学可以检验其理论的场景适用性，并能丰富对"参与式规划"的相关理论认识；对社会学而言，建筑规划变成了一项社区公共行动，如果将社区规划视为一种技术的引入，这里面涉及了大量的权力、权益行为以及文化行为，因此社区的物质空间研究为社会学理论构建提供了深厚的空间领域基础。

　　社区规划也是为适应广大人民群众的社区生活需求而发展起来的。改革开放以来，我国的社区发生重大变迁，产生了很多新的社区类别，人们对社区生活品质、社区生活质量的要求发生很大变化，广大人民群众对美好生活的需要是学术、学科和理论发展的重要动力。建设规划传统上主要是专业机构参与的一项行政事务，随着善治的理念和公平的理念向多个领域和行业的扩展，识别并满足多样化和个性化的社区需求逐渐成为规划制定者和实施者的工作理念。在此种理念指导下，社区规划一方面能更好地解决传统社区规划所积蓄的矛盾，另一方面，"参与式规划"可以直接将居民的美好需求变为能够落地的专业化方案。社区规划是时代的新产物，本丛书对社区规划实践进行及时的总结是非常必要的，通过学术的、学科的和理论体系的建设，完善和提升实现广大人民群众社会需求的应对机制。

　　社区规划必须以人为本，保障和改善民生服务。社区规划是定制化的规划，是为适应各种社区美好需求的规划。高档社区完全可以借助多种市场力量实现高水平规划，但本丛书的案例更多地关注那些公共空间匮乏、生活水平还不太高的社区，包括众多老旧小区，因为这样的社区在今日中国占据很高比例，对这些问题的关注也是引导这个新学科发展的价值取向。因此，社区规划面对最多的问题便是，如何在有限的财力和物力下实现社区空间的改造，如何将各方的有效需求纳入规划制定之中，新的空间如何能长期提升居民参与的积极性，最终的目的是保障和改善民生。费孝通先生曾阐释他的学术奋斗理念是"各美其美，美人之美，美美与共，天下大同"。社区规划作为一个交叉学科，也应传承这一理念。

李强

清华大学社会科学学院教授

清华大学文科资深教授

2019 年 3 月 28 日

序　二

　　一转眼，指导刘佳燕同志完成她的博士论文《城市规划中的社会规划》已十几年过去了，当时这是国内最早的一篇探讨城市规划工作中社会学领域问题的工学博士论文。十分欣喜地看到，这十几年来佳燕同志不忘初心，无论是在清华大学社会科学院追随李强教授从事博士后工作，还是后来留校执教，均锲而不舍地在这一学科方向上持续耕耘，终有硕果。面对厚厚的书稿和丛书的出版计划，甚喜甚慰。

　　社区规划是中国城市规划理论研究和实践序列中的"迟到者"，从较为系统的观念引进到近年来颇具自下而上色彩的逐步兴起的实践总共也不过20年光景。梳理一下，这种"迟到"是有其原因的。

　　其一，中国古代城市规划源于礼制、礼法。强调等级化的社会秩序与空间秩序一体化，在漫长的实践中虽有民间智慧和基于经验主义的科学认知为补充，也时有顺应自然的筑城亮点和顺应民生需求的局部调整，但比较严谨的自上而下、层级化的社会序列投影于空间序列仍是主流，并无关注社会问题和基层社会管理单元的空间营造传统。

　　其二，中国现代城市规划理论和实践体系是伴随着西学东渐的进程从国外引进的。欧洲是现代城市规划思想的策源地。其源起是对底层社会问题的关注；其实践和方法体系是针对伴随着工业化进程而出现的公共卫生问题、贫民区问题、工人阶级住房问题等一系列复杂社会问题的解决去做的；其早期解决问题的逻辑是有序的空间环境会带来或催生有序的社会环境，实现生活质量的普遍提升，解决发展中带来的社会不平等现象。从空间尺度上看，它的实践体系是从社区入手，逐步走向城市，再走向区域，逐步放大的。同时，虽然工科在城市建设中有极大的工具作用，但其价值体系和治理体系的形成和演进一直是社会理想和社会科学所主导的。在这个进程中，城市规划工作是空间权益分配中政府、市场和民众三方博弈的渠道和桥梁，也更是基层民众平衡（有时甚至是对抗）政府所代表的国家机器强制力和资本代表的市场强大诱惑力的手段。就立场而言，它多少带有无政府主义的基因和反资本主义的色彩，代表社会的弱势群众发声、代表基层民众的诉求发声也是常事。所以，关注社会问题、关注社区规划一直是国际上与大建设和顶层设计并行并互为补充的学科与实践主流。多年前，张庭伟教授"向权力讲述真理"一文就很好地总结了现代城市规划思想史的这一特征。

其三，中国引进现代化城市规划理论与实践体系的时间点和早期实践者的背景构成有影响至今的效应。伴随着洋务运动和第二次大规模西学东渐之风的兴起，现代城市规划进入中国，从当时知识分子的整体倾向看，表现出崇尚实用、注重科技和追求民主的风气。"拿来主义"居多，少有思想或价值体系的深究，实践中最明显的是初建城市公共卫生和公共服务系统，并引入功能主义规划的方法初建城市功能分区发展的路径。张謇在南通的实践集成度较高，被吴良镛院士誉为"中国近代第一城"。其实，兴新学、办工厂、建医院、辟公园等自保一方民生的事，从清末民初直到抗战爆发，不少地方割据者都存类似实践。而当时留洋归来的建筑师、工程师是这一系列具体实践的技术主导者。至1945年抗战胜利后，陆续出台的一批"都市计划"在理念和方法上已与国际接轨，但数量少，实践期很短，其遗产直到1990年代才又被发掘利用（如大上海都市计划）。"市政社会主义"这个词曾被用于概括同时期的西方战后重建时期，中国那时的实践也有此特点。

其四，当代中国规划体系的形成及社区规划的"迟到"。1949年中华人民共和国成立后，为国际形势所迫，学苏联，一边倒，城市建设全面服务于中国迫切需要启动的工业化进程，城市规划与国民经济发展五年计划全面对接曾是其基本特征。记得1980年我进清华读书时还有机会读过不少苏联的城市规划教材，虽然苏联与欧洲意识形态和国家体制差别巨大，但城市规划体系还是有很强的传承性的，理论和实践中强调以人为本，关注民生是与工业化并行的主线，生产与生活空间的匹配关系一直被重视。但中国当年的经济基础薄弱，生存环境逼仄，发展压力急迫，要支撑这种理想中的匹配是很难做到的。随后的实践也走上了工业化优先、忽视（或某种程度上放弃）城市化的发展道路，城市规划曾遭重创。在那个整体资源短缺的年代，连自上而下的配给化的生活供给体系都难维系，更没有自下而上的社会治理和社区规划需求；况且反右运动后社会学在中国处于被消失的状态，直到1990年代中后期才得以重建，所以社会规划的"迟到"也就顺理成章了。

对于社区规划在中国从理论到实践的崛起，在佳燕撰写的前言中已讲得很清楚了。这是对中国城市规划思想体系的补充，也是意义深刻的变革，就变革的价值还可以再多说几句。

1. 发展要与社会进步同步推进。在国际语义中，发展更强调精英的作用，更强调自上而下的进展推进；而进步更强调美好生活的个人共享和进程中每个人都有贡献。"发展是硬道理"在中国已取得了巨大的成就，表现出了国家意志超乎寻常的传导力和执行力。但如何让每个人共享发展成果，消除不充分和不均衡的矛盾则是新问题。简单地用发展的路径去解决是有问题的，最典型的后果就是"端起碗吃肉，放下碗骂娘"，这与发展理念中对统治权力和执行权力的过度运用，以及对内在权力和共同权力的忽视有直接的关系。

2. 内在权力培养和共同权力引导是社会基层治理成败的关键。任何变革的进程，都是权力再分配的进程。权力不仅仅是以国家意志为主体，以等级、传导和支配为特征的统治权，也不仅仅是利益驱动下行动和实施为特征的行使权，另外两种权力在基层社会治理中会更重要。一是内在权力，这是每个人都有的、来自于个人自信和资格认同的权力。这种权力意识和构造能力的丧失是基层社会失去发展和进步源动力的根源。如不重视内在权力的培育，任何外部干预和援助、施舍都无法带来可持续的进步。二是共同权力，这是由共识达成而凝聚的集体权力，是在社会环境中对内在权力的磨合和再组织。缺少共同权力认知的社区是一盘散沙，缺少共同权力认知的社区哪怕时有能人出现，也会"人去茶凉"、"人走政亡"。

3. "高手无定式"，尊重实践者的智力独立性很重要。社区规划现在的实践是多视角、多维度的，这是难能可贵的好现象。千万别急于"规范化"，更不要去迷信工具包。从规划史上看，工具包解决的是达标或及格的问题，解决不了创新和变革的问题。社区规划中更重要的是随机应变、方法实验、培育自信、敢作敢为。

最后衷心祝贺这套丛书的出版，并欣喜地看到这里的实践者大多是中国城市规划从业者的"中生代"。这个群体是由共同的价值观凝聚而成的，必定可以青春永驻，不仅仅可以在社区规划中创新"中国方案"，你们的实践也会创造出平衡发展与进步这一国际难题的"中国答案"。

尹稚

清华大学建筑学院教授

清华大学城市治理与可持续发展研究院执行院长

2019 年 4 月 16 日

目　录

开篇：基层治理视角下的社区规划师制度

刘佳燕

1 源起

2019 年 7 月 18 ～ 19 日，由清华大学建筑学院、清华大学社会科学学院、中共成都市委城乡社区发展治理委员会、中共成都市成华区委、成都市成华区人民政府、中国城市规划学会住房与社区规划学术委员会联合主办的第二届清华"社区规划与社会治理"高端论坛在成都市成华区举办。通过为期两天的论坛交流、工作坊研讨和实地参访，近 20 位来自我国北京、上海、武汉、成都、深圳、台湾、香港以及日本等国家和地区，长期奋战在社区规划与社区治理学术研究和实践一线的嘉宾，与来自海内外各地高校、规划设计机构、政府部门、社会组织、企业以及基层社区的 300 余位参会者积极交流，分享和探讨了各地社区规划师在制度建构、理论思考和规划实践等方面的最新成果，并全面展望未来挑战和发展前景，进而引发社会各界对于社区规划及其制度创新方面的高度关注和热议。

回首一年之前，2018 年 5 月在北京清华园举办的首届论坛，以"跨界·共营"为主题，正是敏锐地捕捉到了近年来社区规划实践活动在一些大城市的迅速兴起，已成为推进城市治理能力和治理体系现代化、实现微观人居环境品质提升、增进居民生活满意度的重要路径，尝试搭建跨界对话与合作平台，整合多学科、多领域力量，在社区规划和社区治理方面探索中国特色之路。在论坛嘉宾发言的基础上，我们整理出版了《社区规划的社会实践——参与式城市更新及社区再造》一书，汇集了国内一批具有前沿性和代表性的社区规划实践成果，特别关注空间性更新与社会性再造之间的互

作者简介：刘佳燕，清华大学建筑学院副教授。

动和共生——这也是当前快速城镇化浪潮下，应对社会空间日趋分化与碎片化的挑战，要实现美好人居与和谐社会共同缔造的愿景，中国社区规划实践最富挑战也最有魅力的特色所在。

作为第二届，本次论坛的主题聚焦"社区规划师制度实践探索"。起因来自我们发现在过去的一年中，社区规划活动在全国各地城乡地区进一步蓬勃发展，涌现出大批的团队和个人积极投身于此。同时，伴随活动的普及和工作的深化，有关社区规划师制度建设的问题日益凸显，包括如何培育和留住社区规划师专业团队、建立扎根和陪伴社区的长效工作机制，以及相应的团队建设、工作方式、责权利界定等制度保障问题，这些都意味着社区规划的关注点需要从活动组织转向更全面和更深度的制度创建。

2018年可以被视为我国基层社区规划师制度创建元年。以北京、上海、成都、武汉等为代表，在市、区级政府和街道办事处的高度关注和大力推动下，这些城市从城市规划建设和社区治理等方面出发，积极探索制度创新，培育和扶持社区规划师团队建设，以更好地推进基层社区规划实践活动。本书中特别选取了这几个城市极富开创性和代表性的案例，包括：在北京全市大力推进责任规划师制度的背景下，较早系统性出台制度文件的海淀区"1＋1＋N"街镇责任规划师体系；上海市杨浦区整合高校和科研院所智力优势，以街区更新为切入点，搭建社区规划师与街道结对平台；同在上海的嘉定区则围绕"社区共营"，以社区为主体，培育愿景社区规划师团队；武汉市武昌区和汉江区依托"三微"改造，联合专业规划师、居民和社区组织等"众创组"力量，共同推进社区规划；成都市成华区首创"导师团（区级）—规划师（街道）—众创组（社区）"三级社区规划师队伍；桃园市在"社区总体营造"背景下，致力于"造人"（社区规划师人才培力）与"造景"（城乡风貌改造）的工作整合。

应对多元化的社区规划实践，体制机制的探索不仅体现在上述正式的针对"社区规划师"这类有明确对象及其职能的制度创建，还包括各种鼓励和推动社区规划的正式或非正式的机制与路径。如书中所分享，深圳通过连续多期的"小美赛"，以竞赛机制吸引设计力量介入城市微更新；香港在公众参与制度背景下，由社区居民和社会组织推动活化更新；邻国日本长达数十年的发展经验向我们展示出在不同历史阶段和差异化的"政府—社会"关系背景下社区规划工作机制的演变和特点。

透过这些各具特色的地方实践，本章尝试作一个系统的梳理和思考：社区规划师相关制度究竟是在何种现实背景下被催生的？各地社区规划相关的制度创建、工作模式和行动方式有哪些异同点？社会治理视角下社区规划师在行政、社会和生活等不同领域中的行动特点是怎样的？社区规划师制度的意义与前景如何？

2 问题聚焦

2.1 制度挑战：打破基层规划建设中的"制度天花板"

在和国外很多学者和实践者的交流中我们发现，中国的社区规划不仅在21世纪呈现出发展迅速、多学科参与、多领域开花的盛况，相较于东亚、欧美等社区规划活动丰富的地区，中国近年来更呈现出地方政府以制度创新引领和大力主导推进的特点。究其原因，还得归因于各地推进社区规划活动面临制度桎梏，从而催生了以制度创新破局的实践诉求。

改革开放40年来，我国大规模、快速的城镇化浪潮下，城市经济、人口与空间都呈现出数量扩张型的高速增长特征。随着经济发展进入新常态，城镇化步入"下半场"，"以人民为中心"的发展理念被进一步强化。2020年初蔓延全球的新冠肺炎疫情，更是让我们在重新回归社区的过程中，进一步正视高品质社区环境、服务和生活的重要价值——不仅影响到每个人的幸福感和归属感体验，而且决定了一个地区能否真正吸引人、留住人和培育下一代康乐成长，成为当代城市的核心竞争力。然而现实中，大量微观人居环境的品质却大多差强人意，与宏伟动人的蓝图愿景、节节攀升的经济指标、光鲜亮丽的科技园区之间形成极大反差。这其中有难以回避的历史原因，但究其根本，则暴露出城市建设长期以来重宏观尺度、重大型项目、重生产空间，而对街镇、村社等基层生活空间的规划、建设和管理的关注和投入相对薄弱。

总结当前基层规划建设中的核心问题主要包括以下三个方面。

一是基层规划和建设技术力量薄弱。不少城市的街道办事处没有专职规划建设的科室设置，具体相关工作常常由城管科、宣传科、社区科等负责，懂规划建设的专业人才也是凤毛麟角。专业技术力量的薄弱，导致上位规划和发展战略难以有效传导和指导地方建设实践。即使有外来专家，也大多是参与某项目方案评审，对地方实际问题和特色的挖掘、地方规划建设的整体性和延续性把控，以及项目后期的实施和运营监督都难以深度介入。

二是重工程、轻设计，建设项目碎片化。一方面，较长时期以来，我国开发扩张导向的城镇化进程使得城市规划建设形成关注大尺度空间、标准化要素的设计惯性，加上既有详细规划体系向建设、管理的传导和管控机制有限，导致在存量更新阶段，面对大量微尺度、个性化的社区生活空间改造时，基层建设和管理工作缺乏适用有效的技术指导和管控路径，常常是有心无力，或陷入"一抓就死，一放就乱"的两难困境。另一方面，当前基层建设中项目管理制度存在局限，例如一些地方的基层项目经费支出口径只有工程费而无设计费，要支付设计费只能从施工造价中按比例折算，项目经费按施工面积计价等。这些制度约束都导致微设计、微更新项目难以吸引高水平设计团队，难以支持高品质设计，或诱发过度设计以提高取费规模的"应变策略"，甚至"找个装修施工队，边施工边设计，活就干完了"。在上述两大原因的制约下，基层建设缺乏战略性、全局性的规划指导，演变成如"这月铺路、下月植树"般应对上级各部门"九龙治水"的任务叠加，工程项目碎片化，相互之间缺乏对接、整合，导致重复建设、"三不管地带""拉链工程"等现象层出，或是陷入自我中心的无序发展，与城市总体发展理念和战略背道而驰。

三是规划、建设、管理相互脱节。行政部门的条块分割、工程项目制管理模式都导致基层规划、建设、管理等环节之间缺乏有效衔接。规划设计只关注空间效果，而缺乏对后续施工和运营维护的考虑，难以监督和保障方案的有效实施，使用管理中如有不合理之处也难以反馈至设计调整。外来专业团队依据项目安排驻地工作（有些甚至"闭门造车"），项目结束即撤离社区，难以深入了解当地情况、跟踪评估项目实施、长远谋划地区发展。这些都限制了社区环境品质的有效提升和持续保障。

由此，仅仅依靠几个规划团队或是一批微更新项目，很难真正扭转当前微观人居环境品质低下的局面，特别在前面提到的制度局限下，团队工作的积极性和可持续性将受到制约，更新改造后的社区或项目可能很快又沦为下一批待改造的对象。

打破"制度天花板"局限，探索制度创新的意义故而尤其显著——将专业力量引入基层，以制度化授权使其融入基层建设管理网络中，以制度性改革支持高品质设计的价值保障，以制度平台建设推进地方规、建、管一体化以及物质性更新与社区治理的融合互动——这正是社区规划师制度创新的迫切性和价值所在。

2.2 行动挑战：实现社区规划与空间治理的协同

如果说制度层面的创新探索有助于为社区规划的基层实践培育更为温润的土壤，那么要实现社区规划在不同社区开花结果，还需要社区规划师团队应对地方复杂性问题，充分发挥行动智慧，实现社区规划与基层空间治理的协同与融合。主要说来有两大行动挑战。

一大挑战来自规划逻辑与治理逻辑之间的张力。长久以来，基于整体主义和工具理性的城市规划实施方式是和自上而下、科层式的权力运行机制紧密结合的。而随着当代社会异质性、复杂度的不断提升，风险社会、社交距离、存量更新等各类新兴挑战接踵而来，特别面对基层建设和日常生活中多元、流变、离散的各类行动主体，"规划—实施"中单向度的刚性约束传导机制已经难以应对充满了不确定性的地方发展和复杂交织的价值博弈，基层规划与治理更是无法单纯依赖行政规训或奖惩手段来实现。

当我们环视身边社区的发展议题，可以看到，无论大小城市中，除了正式性的地方管制力量，还有大量的非正式性的生活力量（如非正式就业、非正式空间、非正规管控手段等）发挥着重要的社会协调和场所形塑的作用。由此，面对各类真实"在场"的行动主体，社区规划师如何以融入日常生活情境的干预行动实现规划逻辑与地方治理逻辑的充分对接，是为一大挑战。

另一挑战来自如何更好地发挥邻里空间在社区规划中的治理效能。在"社会—空间"辩证视角下，社区治理不仅是一个纯粹的社会性命题，还有其独特的空间性特质——不仅因为治理总要面对实在的空间问题，而且治理的行动网络也是通过特定的空间关系生产出来的。由此，社区规划无法回避的一个核心问题就是社区空间治理。其不仅体现为政府、企业、社会、市民等不同主体关于社区空间资源使用以及收益分配和协调的治理结构与治理过程；同时，空间还具有社会性生产的功能、影响邻里关系重组与社会秩序建构，以及维护社会关怀与社会公正的价值取向。特别如邻里中心、生活性街道、绿地广场、宅前屋后的空地，乃至楼道空间等社区公共和半公共空间，既是政府投放公共资源和提升福祉的关键场所，也是社区各方参与共建共享共治的重要吸引点，成为社区规划与地方治理互动推进的极好结合点。本书中各地社区规划卓有成效的探索很多都来自于此，也揭示出一个有意义的启示——邻里空间既是社区治理的平台与对象，又是治理的重要工具。

3 制度创新

3.1 政府主导：国家"元治理"特色下的系统性推进

社区规划师制度使得社区规划不再是一两个团队的几次规划活动，而是依附于社区规划师这样一类扎根地方社区、有一定进入门槛、有明确工作职责的专业群体，通过相应的政策机制保障其工作。

纵观近几年来社区规划师队伍在各大城市不断壮大，其普遍都呈现出较为显著的政府主导特征。这与许多学者总结我国社会治理中国家"元治理"的特点可谓是一脉相承。

总结社区规划师队伍建设和实践工作中成果突出的城市或地区的经验，可以归结为以下几个方面。

一是市、区两级政府大力推动。尽管社区规划师工作主要落脚于基层的街镇和社区，但其很多行动都涉及对现有行政体制、工作方式、资金政策等的突破，因此城市或城区一级政府的认可和大力支持，能让基层工作拥有更明确的方向和强大的动力。

如《北京市责任规划师制度实施办法（试行）》中规定，责任规划师由区政府选聘，与区政府签订聘用合同，领导小组组长通常由区长、区委书记担任。具体工作的主管部门，在北京、上海杨浦区等地是规划自然资源部门，在上海嘉定区是民政部门，在武汉涉及住建、民政和规划等多个部门，在成都则是由特别设立的城乡社区发展治理委员会[①]牵头。

二是相关部门干部队伍和社区普遍拥有较好的理念认同和行动能力。社区规划师作为外来者进入社区，其最终工作能力的施展和工作效果的实现更多依赖于基层干部队伍的整体理念、社区的主体意识，以及团队的合作与行动能力。近年来，北京、上海、成都等城市社区规划的迅速发展与当地政府对于基层人才队伍的重视和培养紧密相关，包括优化人才选拔、上升渠道、待遇保障、培训提升等发展机会，推进街镇和职能部门人员、社区两委工作者、社区居民等理解并认同社区规划与社区发展的理念，使基层工作者拥有较好的社区动员、协调和组织水平，使社区居民拥有自组织、再学习、互助发展的能力等。

三是重视制度化建设保障，多措并举，层层推进。社区规划工作的顺利开展，不仅依赖于相关制度文件的规范化和系统化，更重要的是与其他强化基层治理能力和治理体系的系列政策形成联动效应，才能最大限度地赋予社区规划师团队良好的基层工作环境和支持条件。

四是地方特色鲜明，工作重点突出。如北京配合新版城市总体规划和分区规划的实施，结合街道管理体制改革，在全市各区全面实施责任规划师制度；上海围绕社区生活圈规划、社区微更新，推进社区规划师团队建设；成都以"城乡社区总体营造"为核心纲领；厦门开展"美好环境共同缔造"行动；武汉依托"微规划""微改造""微治理"三微工作进行社区规划；深圳以"小美赛"城市微设计为抓手；长沙、珠海等城市聚焦儿童友好城市和社区建设，开展参与式社区规划活动。

3.2　工作机制：社区规划师工作的四种模式

总结当前各地社区规划师的工作，根据其主要职责和介入形式的不同，社区规划师可归为以下四种主要模式。

一种是"规划统筹型"。主要在区县、街镇层级，强调政府上位规划在自上而下落地实施的过程中与地方规划建设的协调对接，统筹保障基层规划与发展的整体性、战略性，对于基层重大项目发挥专业把关、实施推进和监督等职能。北京目前推行的

---

① 2017年9月，成都市在全国率先设立市委城乡社区发展治理委员会，负责统筹推进城乡社区发展治理改革工作。

责任规划师可以作为典型代表。此外，广州、深圳等城市和新区设置的总规划师、总建筑师也有类似属性。这类群体的构成中，通常对于城市规划、建筑学、景观学等设计专业背景和实践一线从业经验的要求更为突出。

另一种是"社区协动型"。主要在街镇、村社层级，通过动员、协同社区多方主体，收集社区需求，发现社区问题，研讨地方发展计划和具体项目，推动社区公共事务的协商和开展，组织社区进行项目实施监督和后评估。社区规划师更多作为社区参与的动员者和组织者，而较少直接承担具体的项目设计和实施任务。如上海嘉定、成都成华区、台湾桃园市，以及北京海淀区清河街道的社区规划师可以归为这一类型。由于更多强调社会性互动，这类群体的构成中，社会学、社会工作的专业背景通常是不可或缺的。

第三种是"项目介入型"。强调从规划项目入手，但又不同于单个项目委托的形式，而是通过社区规划师制度引入高水平专业团队。团队长期扎根地方，更加系统、深入地了解地方需求和特色，通过持续承担社区发展项目确保项目之间良好的延续性，实现社区品质提升和社区赋能的同步推进。此类群体的来源，包括高校或设计机构的规划设计团队（如上海杨浦区、武汉武昌区与江汉区）以及某些专业化的社会组织，或其与规划设计团队的联合体（如成都市成华区）。

第四种是"事件参与型"。通过搭建公共事件参与平台，鼓励社会力量与基层社区共同研讨社区规划方案。第一，通过竞赛、创投等公共活动，以小量的经费投入吸引和撬动广泛的社会力量关注社区问题，积极投身社区发展；第二，注重专业团队和地方社区的双向互动选择，避免了行政指派可能带来的合作不适的问题；第三，以公共事件为触媒，选拔、孵化和进一步培育未来能长期扎根的社区规划团队。比如深圳的"小美赛"以及笔者团队在 2019 年协助成都市温江区开展的"社区生活空间创意设计国际邀请赛"，都是以竞赛发掘地方力量，以方案征集和落地实施推进社区参与和专业合作。当前很多地方也在办竞赛，可惜大多只是一次性的活动，止步于设计方案征集而缺乏持续跟进的团队培育和实施支持的机制设计，难以充分发挥引入社会力量和激活社区的治理效能。

3.3 制度支持：从基础性到实施性制度的保障

制度作为一种结构性制约因素，能够影响和调节个体行为，激励行动者通过组合性的策略安排，更广泛地与资源场域、关系网络等发生互动与连接。社区规划师工作的顺利开展离不开一系列制度体系的支持。

首先是基础性制度，这是实现基层赋权和赋能的基础与核心。例如成都近年来陆续出台城乡社区发展治理系列配套文件，形成了以"城乡社区发展治理30条"为纲领的城乡社区发展治理"1＋6＋N"政策体系，广泛涉及街镇和社村优化调整、转变街镇职能、社区专职工作者管理、社区总体营造、社区发展规划、高品质和谐宜居生活社区标准体系、社区志愿服务、政府购买社会组织服务、提升物业服务管理水平、改革社会组织管理制度、培育社会企业、社区工作者职业化岗位薪酬体系等诸多方面。又如北京2019年相继颁布《关于加强新时代街道工作的意见》和《北京市街道办事处条例》。这些政策文件通过进一步明确和强化基层职能，推动基层赋权减负，促进基层专业和志愿服务队伍建设，为社区规划师工作营造了良好的基层环境。

其次是社区规划师工作相关的实施性制度，涉及社区规划师的队伍构成、主要职责、资金来源、工作方式、聘用和考核方式、奖励和退出机制等相关规定。例如北京市颁布《北京市责任规划师制度实施办法（试行）》，规定责任规划师是"指区政府组织选聘，为责任范围内的规划、建设、管理提供专业指导和技术服务的独立第三方人员"，"责任范围以街道、镇（乡）、片区或村庄为单元"，各区再具体制定工作细则，如《海淀区街镇责任规划师工作方案（试行）》中提出，建立"一册、一图、一库"的统筹工具，每个街镇配备"1＋1＋N"（街镇规划师＋高校合伙人＋设计师团队）街镇责任规划师团队，区财政提供专项资金保障。又如成都成华区制定《关于全面推行社区规划师工作制度加快建设品质和谐宜居生活社区实施方案》，明确了"区委社治委统筹推进、各街道承接落实、相关单位协作配合"的责任体系，以及社区规划师三级队伍体系的构成和职能分工。台湾桃园市"参与式社区规划师制度"中还专门设置了有关社区规划服务中心、社区规划人才培训课程、社区规划实务工作坊等的配套机制。

4 行动机制

4.1 "结构—行动"互动视角

当前我国正处于社会治理的转型期，包括从单位制向社区制的转变，以及国家单一化行政管理向多元治理格局的转型，推动社会治理的意识和能力逐步提升。大量社会学和政治学研究基于结构主义的理论，从"国家—社会"的二元视角或"国家—市场—社会"的三元视角进行社会治理问题的研究。而面对基层社区实践工作时，此类研究往往面临解释的两难困境：一方面，关于治理和主体的论述被泛化、抽象化；另一方面，关于社区治理问题的探讨又常常被具化、肢解为极其分散、琐碎的操作性工作。两者之间缺乏对话机制，导致"治理无处不在，但该咋干还是咋干"。

随着我国改革开放的深化以及社会利益的日益分化，在社区中行政领域、社会领域和生活领域高度交织在一起，前面提到的二元或三元分析框架中的主体很难再用一个整体性的统一体来表征，而在实践中往往被多元行动者进一步解构。多个利益主体之间既有共生合作，也有冲突和妥协。例如，行政主体又可进一步细分为各级政府、职能部门和街道办事处，它们相互之间甚至在各自内部也存在利益分化；居委会成为一种双重角色，通常情况下被居民视为政府的代表，"有事找居委会相当于找政府"，在某些时候又可灵活定位为社区自组织；居民之间的关系很多时候高度松散，并体现出一种选择性参与的生活逻辑。此外，目前无论社会力量参与共治的格局，还是社区自治的意识和能力都尚未发育成熟，很多时候需要引入外部力量撬动社区内部资源，社区规划师、社会组织等第三方团队则成为搭建多方合作纽带、带动社区参与的重要媒介。

根据吉登斯的"结构二重性"理论，静态结构与动态行动之间存在紧密的互动关系：结构既制约行动，又赋予行动者能动性和主动性；反之，行动者又可以通过互动过程对结构施加影响。基于"结构—行动"的视角，我们可以将社区规划师视为一类行动主体，深入思考其在行政领域、社会领域和生活领域三者结构关系中的行动机制，以此透视社区规划师制度的实践过程与基层社区治理之间的关系。具体而言，一是探讨社区规划师制度环境如何介入并影响国家、社会、市场三方之间的权力结构关系；二是从社区规划师行动主体的视角，研究他们在参与社区社会空间重构的过程中，如何利用行政和专业性力量、社会性资源和生活性策略与当地多元主体进行互动。

4.2 社区规划师在三大领域中的行动特点

（1）行政领域中的依附性行为逻辑

从行政领域而言，当前大部分社区规划师的工作都是高度嵌入在地方行政网络和政策网络之中的，体现出较强的行政主导色彩。这一方面来自于社区规划师制度的授权。例如从北京的责任规划师，到上海、成都的社区规划师，都是由城市或区级规划、民政或治理相关职能部门负责管理，深圳"小美赛"的主办机构深圳市城市设计促进中心也是隶属于市规划和国土资源委员会。这意味着政府在权力格局、团队选择、项目供给等方面都处于主导地位。另一方面则来自于规划的力量。规划一旦获得认可、付诸实施，即获得了影响空间和行为的权力。这些都为社区规划师的工作赋予了一定的优势，包括实现资源投放和空间改造的效率高，统筹协调能力强，在政府信用支持下工作的正式性和公正性较易受到认可。

但与此同时，社区规划师的工作又常常存在"选择性纳入"的尴尬局面。包括社区规划在规划体系中没有正式的地位，亦没有真正的实施性权力，所有工作都得依赖于各相关主体转化为正式议题，如社区规划建设依附于规划、住建、房管等职能部门和街道办事处（有的甚至没有正式对接机制），社区议事离不开社区两委的主持。社区规划师的工作大部分尚未融入基层规划建设和社区治理的正式制度架构中，导致很多地方"热热闹闹做事，却被选择性采用"。本书中饶庭伸教授基于日本社区规划的发展历程，根据政府与居民两类主体所拥有权力和资源的不同组合关系，总结出四种主要工作机制。而进一步聚焦我国当前的基层实践可见，如本书中武汉社区规划师实践工作的介绍所示，即使在同一城市中，区级职能部门、街道办事处和社区等不同主体间也存在差异化的权力架构和参与网络，由此带来社区规划师团队多元化的工作模式和协调路径。

由此导致各地社区规划师的实践工作普遍体现出典型的"依附性"行为逻辑：一是行动策略尽可能寻求与政府思路和关注重点保持一致；二是行动内容策划上需要考虑能在中短期内有明显绩效的成果展示，如空间改造、景观美化、大型活动举办等，以获得政府认可和未来的持续支持；三是行动实践倾向于以物质性建设或改造为主，相对于协商机制、社区赋能等社会性建设而言，协调难度较小，可控性更强。这些在一定程度上削弱了社区规划师团队的第三方角色，也在某些时候局限了社区规划师制度对于治理网络的平衡与协调作用。

（2）社会领域中的聚焦公共性培育

从社会领域而言，社区规划区别于侧重个体服务的社会工作，更多关注社区整体性、结构性和公共领域的问题。特别应对当前我国社区治理中总体参与率低、参与主体构成不均衡、参与途径单一、居民参与能力不足和参与热情不高等局限，通过提供参与议题、搭建参与平台、推动参与协商，致力于提升社区参与意识和参与能力，促进社区主体性培育，推进公民意识和社区认同感的形成。

体现在社区规划师团队的行动中，有两大特色领域：一是促进关于社区公共领域的关注、对话和行动，有助于跳出个体或少数人的利益局限，围绕公共议题激发市民意识；二是针对目前尚较为薄弱的社区自治基础，引入外部社会力量，构建对接社区需求的资源支持网络。具体而言，有的以兴趣导向促参与，依托居民的兴趣团队，引导其逐步转向对互助服务、志愿服务、问题协商等公共性议题的关注，帮助他们熟悉规则、提升能力、增强自信；有的以公共环境改善凝共识，在共同研讨、制定和实施改善计划的过程中，推进社区共识，提升设计、审美和议事协商能力；有的以资源引入建网络，搭建资源共建共享平台，引入并整合辖区单位、学校师生、专家学者、社会组织等各方资源，为社区发展提供专业支持；有的以参与机制为核心，搭建社区议事会、社区基金会、多方联席会等社区参与平台，围绕社区重大发展事项，培育政府部门、街道、社区两委、居民、社会组织、物业、业委会等多方共议共建共享机制。

（3）生活领域中的人本关怀视角

从生活领域而言，社区规划行动的实践意义在于其回归人本生活的价值导向。要实现专业话语和社区的对话，要提出吸引社区关注和参与的公共议题，就意味着议题的诞生应来自真实的社区生活需求，特别是对于儿童、老人等弱势群体的关注，议题的表达需要采用地方性和生活性的话语，议题的实现来以社区为主体的共同推动。如本书中所示，北京海淀区紫竹院街道儿童参与口袋公园设计和清河街道居民参与共建社区花园两个案例围绕儿童生活体验、社区绿化美化等大众喜闻乐见的话题，以儿童、居民为主体，专业团队提供赋能陪伴；上海嘉定区和台湾桃园市以社区人才为核心培育社区规划师团队，助力社区从生活感受向自主改变的能力提升；香港案例则展示出从老旧居民楼宇和市场的保护与活化出发，以来自底层的生活性命题凝聚社区共识，激发社会参与力量。

从生活性命题入手，社区规划呈现出多维视角的营造和更新策略。包括公共空间体系、慢行体系、城市家具等社区物质空间环境的整体优化；基于地下空间、小广场、菜市场、微花园等重要触媒的空间更新活化和再利用；医疗卫生、文体、养老等社区公共服务设施配置优化和社区综合体打造；面向健康社区、安全社区、绿色社区的特色社区营造；基于文化资产挖掘、文化线路规划、文化特色营造的社区文化规划；面向社区整体福祉提升和特殊群体服务的社区服务供给等。

5 总结与展望

社区规划作为一个跨学科、跨行业协作的新兴领域，需要直面当前快速城镇化背景下深化社会治理战略和全方位品质提升的需求，以社区为落脚点，推进美好人居环境与和谐社会的共同缔造。它是实现社区全面可持续发展的手段，更是激励和引导多方社会主体参与社区共建共享共治的行动过程，并呈现出以下独特的关注点和实践力量。① 以问题的解决为导向，而不只是聚焦问题。这也是规划专业特有的行动素养和价值取向——通过愿景凝聚共识，营造更加积极、更富创造性和行动力的氛围，进一步引发各方主体的投入与付出。② 重视面向未来的过程营造。关注点聚焦于前置性和过程性内容，而不是末端的事后弥补；通过参与过程凝聚思想和搭建纽带，通过共同投入培育价值增量，而不是局限于当下的利益分割。从而让社区发展更具弹性和韧性，更好地应对风险社会的不确定性挑战。③强调社区发展的系统性和全面性，软件、硬件两手抓，实现社区人文、经济、环境、服务和治理等各个维度的互动协调发展。

④ 关注空间的生产过程和生产机制，借此推进社区公共性和主体性的培育，并通过后者助力社区空间品质和活力的可持续提升，强化社区公共领域的发展。

社区规划师制度的完善在于通过制度化的保障，培育扎根基层、助力社区可持续发展的跨专业团队力量，在社区政治领域、社会领域与生活领域之间搭建对话与协作平台，实现以规划愿景凝聚共识，以空间治理促进协作，以社区赋能激发活力。相比于单次的社区规划活动，社区规划师制度的意义还体现在两个根本性的变革。一是对社区规划师的支持形式从长久以来的"为项目买单"转向"为智力买单"。也就是说，对社区规划的价值认同从工程性和工具性的项目形式转向对社区规划师持续性智力投入的认可，如北京海淀区和上海杨浦区都明确提出向责任规划师和社区规划师按年度支付报酬，当然也由此带来如何界定与考评年度工作量的挑战；二是推动社区规划的工作形式从"碎片化活动型"转向"扎根支持型"，有助于社区规划工作的连续性，工作关注点从办活动转向社区能力提升和人才队伍培育。如北京海淀区"新清河实验"通过多年扎根社区，孵化出在地的枢纽型社会组织，并选拔和培育出由"规划师＋社会工作者＋社区居民／志愿者"组成的社区规划师团队；上海杨浦区和嘉定区连续多年面向社区规划师队伍开展持续性培训工作，既有专家授课，也有强化互动和实操技能的工作坊；台湾桃园市更是对于社区规划师培训的管理机构、课程模块、实作考评和成果交流等形成了系统性方案，有助于形成稳定预期，推进社区规划师梯队建设。

从制度主义理论视角来看，制度的生命力最关键的源泉就是培养和形成相关成员对于该制度的内在需求，将新的管理创新形式和创新经验变成社会互动的普遍规则，并得到成员的充分了解。故而，社区规划师制度产生并得以保持活力的一个重要条件是实现自上而下的行政诉求与自下而上的生活诉求之间的上下呼应和良好契合。若只有后者而无前者，制度的创新会如空中楼阁，缺乏基础；若只有前者而无后者，创新的制度则如无源之水，难以延存。

长远来看，社区规划师制度的未来走向会是如何，目前尚难以作出判断。2018年11月，笔者参与中国城市规划年会的学术对话"责任规划师：体系完善 or 制度创新？"对话嘉宾展望社区规划师未来的两个走向：一是社区规划师作为特殊岗位长期存在，强化独立的第三方立场，在基层的政府、市场和社会力量之中发挥对话、协调和整合的作用；二是通过更明确的身份定位和职责分化，融入正式的治理结构中，如前文中所述的"规划统筹型"可能演化为街道层级的专设机构或职务，像北京海淀区一些街镇已为责任规划师设置街道主任助理的岗位，使其能更好地融入正式行政管理体系，强化基层规划建设的专业力量。而所有这些，都离不开公众参与这一基础性制度体系的完善与保障。

总而言之，社区规划师的制度创建有其重要的时代意义，并需要在发展中不断直面基层社区中日新月异的新问题和新挑战，培育在地化有生力量，坚守人本初心与参与理念，推动新型城镇化路径从"空间的城镇化"走向"人的城镇化"，从追求体量指标的增长转向关注真实的生活场所营造，真正实现制度优势向治理效能的转化。

参考文献

[1] Anthony Giddens. The Constitution of Society: Outline of the Theory of Structuration [M]. Cambridge: Polity Press, 1984.

[2] Michael Buser. The Production of Space in Metropolitan Regions: A Lefebvrian Analysis of Governance and Spatial Change [J]. Planning Theory, 2012, 11(3): 279–298.

[3] 陈进华. 中国城市风险化：空间与治理 [J]. 中国社会科学，2017（8）：43–60.

[4] 刘佳燕，王天夫等. 社区规划的社会实践——参与式城市更新及社区再造 [M]. 北京：中国建筑工业出版社，2019.

[5] 马卫红，桂勇，骆天珏. 城市社区研究中的国家社会视角：局限、经验与发展可能 [J]. 学术研究，2008（11）：62–67.

[6] 闵学勤. 社区自治主体的二元区隔及其演化 [J]. 社会学研究，2009（1）：162–183.

[7] 吴晓林. 结构依然有效：迈向政治社会研究的"结构—过程"分析范式 [J]. 政治学研究，2017（2）：96–108.

[8] 吴晓林. 治权统合、服务下沉与选择性参与：改革开放四十年城市社区治理的"复合结构" [J]. 中国行政管理，2019（7）：54–61.

[9] 燕继荣. 社区治理与社会资本投资——中国社区治理创新的理论解释 [J]. 天津社会科学，2010（3）：59–64.

[10] 张京祥，陈浩. 空间治理：中国城乡规划转型的政治经济学 [J]. 城市规划，2014（11）：9–15.

北京：蓝图之下，泥土之上，民心之间
——海淀区责任规划师制度探索与实践

刘佳燕　冯斐菲

1　北京责任规划师制度的背景和意义

1.1　背景：城市更新时代来临，治理优化成为必然

党的十九大报告中明确提出，我国社会主要矛盾转化为人民日益增长的美好生活需要和不平衡不充分的发展之间的矛盾。这说明社会的基本生活需求已经得到满足，进而有了更高的追求，体现为从"有"向"好"、从"粗糙"向"精细"的升级。报告还提出，要加强社会治理制度建设，打造共建共治共享的社会治理格局。这说明在向"好"和"精细"的方向上，政府需转变思路，从单向的自上而下的管理模式转向与社会多元力量联合的治理模式。

这两个要求可用一个简单的例子说明。譬如在某建成小区，虽然有宅间绿地、公共绿地，但缺乏休憩设施及老人、儿童活动场地，随着老龄化加剧和二胎政策出台，居民的该项诉求日益强烈。但政府此时是不是还能像新区建设那样大刀阔斧地建一个呢？恐怕不行，因为空间有限。那么场地建在哪里不扰民？为了场地建设需要减少一些绿化或几个车位，行不行？场地怎么分配，是分空间利用还是分时利用？老人、儿童以及年轻人能否遵守规定和谐共处？这都不是政府单方就能轻易确定的，处置不当就会引发居民不满，造成政府买单但居民不买账的局面。这时就需要居民参与，而且最好是贯穿从初始选址到最终实施，以及后面长期的维护使用。政府的精力显然不足以支撑全程陪同，因此迫切需要动员具备专业技能的机构、社会组织、志愿者等社会

作者简介：刘佳燕，清华大学建筑学院副教授。
　　　　　冯斐菲，北京城市规划学会街区治理与责任规划师工作专委会主任。

力量介入。这就是基于城市更新时代的需求变化，从管理转向治理的必然过程。

故所谓的城市更新，应该是综合的、整体视角下的治理方式，不仅是物质层面的整治工作，更应是涵盖社会、经济、文化等方面的全面复兴。2017年中央城市工作会议明确指出，城市更新是城市建设的常态，并提出了新时期城市工作的六大方向，包括要"统筹规划、建设、管理三大环节，提高城市工作的系统性"，以及"统筹政府、社会、市民三大主体，提高各方推动城市发展的积极性"。由此，提升城市规划设计与建设水平，打造共建共治共享的社会治理格局，必然成为当代更新规划工作的导向与重点。

1.2　意义：规划扎根基层，专业力量助力发展

《北京城市总体规划（2016年—2035年）》中关于北京的战略定位及发展目标与上一版相比，有两个特别突出的重点，即强化了首都的战略定位和建设国际一流的和谐宜居城市的发展目标。由此策略也有所不同，该版总体规划的重点是疏解减量、重组优化，以及提高城市治理水平，让城市更宜居，充分体现了城市更新时代的特征。为了转变规划方式，确保规划的落实，总规中提出建立责任规划师制度、提高规划设计水平、开展直接有效的公众参与等要求，明确了城市规划工作向基层下沉的工作思路。规划编制过程也从原来以征询部门意见为主，转变为要充分征求街道、社区和居民意见。

不过，在规划编制的理念、策略、方法探索转变的同时，还是会听见群众在吐槽城市环境水平低下，如变电箱随意占道、马路就像"拉链"等，而基层干部也在感叹工作辛苦，任务一波接一波，永无止境。出现这种情况的一个主要原因就是市、区政府的各个专业部门与最直接面向群众的街道办事处之间的工作机制没有理顺，导致规划在实施层面落实不到位。有种形象的说法是：街道看得见，管不了；部门管得了，却看不见。导致行政作为强，政府花钱多，干部劳累苦，居民感受差，有工作力度，缺城市温度。

为了聚焦群众最关心的事情，更好地促进总体规划的实施，打通规划落实的"最后一公里"，2018年北京市委、市政府积极探索党建引领基层治理体制机制创新，建立"街乡吹哨、部门报到"机制。2019年2月，《关于加强新时代街道工作的意见》（京发〔2019〕4号）发布，这是北京首个专门面向街道工作的纲领性文件，提出了加强街道工作的六个主要任务，重点下放给街道公共服务设施规划的编制、建设和验收参与权等六项权力，明确了"街道是城市管理和社会治理的基础，是巩固基层政权、落实党和国家路线方针政策的依托，是联系和服务群众的纽带，在超大城市基层治理

体系中发挥着不可替代的中枢作用"。

与此同时，在实际工作中，街镇面对城市精细化治理的挑战，暴露出以下工作短板。① 机构衔接不畅。各街镇涉及规划建设管理的相关工作散落在城管、宣传、经管、社区等科室，工作统筹不够，缺乏系统性。② 缺乏协作平台。面对规划实施操作复杂、多部门协调困难、公众参与度不足等问题，缺少一个能够促进政府、市场和民众进行常态化沟通和协作的对话平台。③ 专业力量不足。在基层街镇，具备规划、建筑、景观、社会学等专业背景和工作经验的公职人员严重短缺，导致其难以应对实际工作中各类具体而复杂的专业问题。

由此凸显出现代治理体系下基层规划建设工作面临的挑战，其中之一就是急需一类专业技术团队，作为联结政府、市场和社会的桥梁与纽带，推动基层城市治理与城市更新的可持续整合发展。

2019 年 4 月起施行的《北京市城乡规划条例》提出推行责任规划师制度，指导规划实施，推进公众参与。同年 12 月，《北京市街道办事处条例》公布，明确了街道办事处的七项职权和七项职责，推动治理重心下移，并提出街道办事处应组织居民和辖区单位参与街区更新。

1.3 行动：赢得广泛共识，获得积极响应

早在 2017 年，东城区基于规划师们在朝阳门、东四等街道的试点实践，已经意识到了此种模式的优势，随后以"百街千巷环境整治"为抓手，率先推出了责任规划师制度。2018 年，西城区、海淀区先后结合街区整治工作，将责任规划师引入街道。市规划和自然资源委员会先后出台了《关于推进北京市核心区责任规划师工作的指导意见（试行）》《关于推进北京市乡村责任规划师工作的指导意见（试行）》，并于 2019 年 5 月发布《北京市责任规划师制度实施办法（试行）》，明确提出责任规划师由区政府聘任，工作范围以街道、镇（乡）、片区或村庄为单元，工作任务是为责任范围内的规划、建设、管理提供专业指导和技术服务等。这些文件出台后，得到各区的积极响应，如海淀、朝阳、大兴、房山、门头沟等区由书记、区长或主管副区长任工作组组长，结合自身特点确定工作模式。其中，海淀区为每个街镇公开招聘一位专职的责任规划师，同时充分发挥辖区内高校众多的优势，给每个街镇配备了由一位教师领衔的高校合伙人团队；朝阳区则依托区内使馆区、CBD 等资源，采取国内团队与国际团队合作的模式，以"朝阳之光，向明而治"为宗旨，为责任街区提供"大数据体检化验＋责任规划师开方／专家会诊＋街乡去疾"的全过程、陪伴式"诊治"服务。

2019 年 6 月，北京城市规划学会街区治理与责任规划师工作专委会成立，通过开展有针对性的培训和组织各种学术沙龙，为城市规划多元主体与跨学科专家搭建对话和探索平台。市规划和自然资源委员会还特别成立了由委领导牵头的"责任规划师工作专班"，汇集跨界专家资源，开展责任规划师工作机制研究。

总之，以上各项工作都充分显示了全社会对责任规划师制度可能带给北京城市建设的效益充满期待，也给规划师们展现了一幅美好的前景，即在城市更新时代依然能够大有作为，城市的未来会因自己的贡献而更显光明。

2 海淀区责任规划师制度建设

2.1 责任规划师制度架构

海淀区位于北京市区西北部，区域面积 430.7 平方公里，常住人口 335.8 万人（2018 年），区内有全国著名的皇家园林和风景名胜旅游区，是我国规模最大、自主创新能力最强的高新技术及企业的聚集地，也是全国著名的科教文化区，区内高校在校大学生人数占全市的一半以上。2018 年海淀区委提出"两新两高"战略，要"挖掘文化与科技融合发展新动力，构建新型城市形态，推动高质量发展，打造高品质城市"。《海淀分区规划（国土空间规划）（2017 年—2035 年）》中明确海淀区的功能定位是建设成为具有全球影响力的全国科技创新中心核心区、服务保障中央政务功能的重要地区、历史文化传承发展典范区、生态宜居和谐文明示范区、高水平新型城镇化发展路径的实践区，要聚焦"精治共治法治"，实施街镇责任规划师工作制度，充分发挥规划实施监管、精细化管理联动、公众参与共治三大作用，打通"区、街（镇）、社区（村）"三级联动的工作体系，推动政府、高校、市民同心行动，逐步构建有效的超大城市治理体系。

基于上述战略和定位引领，海淀区于 2018 年初启动街镇责任规划师工作，在六个街道（学院路街道、中关村街道、北下关街道、海淀街道、紫竹院街道、西三旗街道）开展先行试点，并于同年 12 月发布了《海淀区街镇责任规划师工作方案（试行）》。2019 年 2 月，街镇责任规划师制度开始在全区 29 个街镇正式推广。

海淀区街镇责任规划师的政府组织架构中，领导小组由区委书记、区长任组长，常务副区长、分管规划建设的区委常委、分管规划建设的副区长任副组长，分管规划建设的副区长任执行副组长，规土分局局长任领导小组办公室主任，成员单位包括区委办、区政府办及各相关区职能部门和各街镇。

街镇责任规划师人员架构采取"1＋1＋N"模式，即每个街镇配备由 1 名全职

1名"街镇规划师"

专职技术专家
区政府统筹计划配置

1名"高校合伙人"

兼职高校团队
区政府统筹计划配置

N个"设计师团队"

根据项目需要，由政府引
导、市场主导，按照择优
原则遴选的设计单位团队

图1 海淀区街镇责任规划师"1+1+N"构成模式

街镇规划师、1名高校合伙人和N个设计师团队组成的街镇责任规划师团队。街镇规划师为专职技术专家，高校合伙人为兼职高校团队，前两者均由区政府统筹计划配置，专业团队为根据项目需要，由政府引导、市场主导，按照择优原则遴选的设计单位团队（图1）。

根据《海淀区街镇责任规划师工作行动纲领》，海淀区街镇责任规划师是"为地区规划提供长期稳定的技术支撑的专业人员，其职责是为政府、公众、专家和规划师构筑平等对话的途径，协助行政主管部门、各级政府部门长期进行规划解读、公众参与、社区营造、技术把关、实施监督等工作，最大限度地将城市规划与城市设计要求落实，形成共治共建共享的城市精细化治理桥梁"。

海淀区街镇责任规划师工作由海淀规土分局统筹，各街镇具体实施推进。考虑到街道与镇之间管理部门和管理职能的差异，22个街道被进一步划分为存量更新为主、存量与新增并存、新建空间较多三类。各街镇分别结合自身特点和问题，组织安排责任规划师工作。在海淀核心发展地区、重要城市轴线及城市设计重点地区，由区委、区政府及区规土局组织安排具体规划设计工作。

从工作组织的角度，海淀区建立了"一册"（街镇责任规划师规划指引手册）、"一图"（"多规合一"信息资源图）、"一库"（街镇责任规划师库）构成的"三个一"责任规划师统筹工具，为开展街镇辖区整体统筹、规划实施、综合整治提升及社区更新等相关工作提供基础依据。此外，还建立了线上线下"海师议事厅"，促进街镇规划师的联动；制定年度街镇责任规划师工作计划手册，统领全年工作安排；引导街镇规划师深度调研街镇，描绘街镇画像；并在"北京规划自然资源"微信公众号设置"小海师"专栏，持续发布工作进展，促进经验交流（图2）。

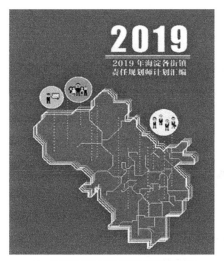

2019 年海淀各街镇责任规划师计划汇编　　　　　　　　2019 海淀区全职街镇规划师街镇画像汇编

微信公众号上的"小海师"专栏

**图 2　海淀区街镇责任规划
师工作成果**

2.2 责任规划师的团队构成

2019 年 2 月，各街镇初步完成了高校合伙人团队配备。3 月，区政府向高校合伙人团队颁发聘书，完成签约。高校合伙人由海淀区属地内的清华大学、北京林业大学、北京交通大学三所高校的教师通过报名达成合作意向，专业背景覆盖城乡规划、风景园林和建筑设计等多个学科。在 28 位高校合伙人中，有 13 人来自清华大学，覆盖 11 个街道和 3 个镇；8 人来自北京林业大学，覆盖 6 个街道和 2 个镇；7 人来自北京交通大学，覆盖 5 个街道和 2 个镇（表 1）。

海淀区高校合伙人负责街镇分布情况　　　　　　　　表1

学校	街镇	街镇名称
清华大学	11 个街道 + 3 镇	清华园街道、燕园街道、青龙桥街道、中关村街道、海淀街道、曙光街道、紫竹院街道、西三旗街道、清河街道、上地街道、马连洼街道；东升镇、海淀镇、四季青镇
北京林业大学	6 个街道 + 2 镇	学院路街道、花园路街道、北太平庄街道、八里庄街道、田村街道、香山街道；苏家坨镇、温泉镇
北京交通大学	5 个街道 + 2 镇	北下关街道、甘家口街道、万寿路街道、永定路街道、羊坊店街道；西北旺镇、上庄镇

2019 年 4 月，街镇规划师通过面向社会公开招募和选拔，最终确定 26 人。其中，博士 1 人，硕士 17 人；具有中、高级以上职称获得者共 18 人，有 3 人持一级国家注册建筑师资格证书，9 人持注册城乡规划师资格证书，所学专业涵盖城市规划、建筑设计、园林景观、环境艺术等不同学科。其中不乏国内外建筑学、城市规划专业的名校毕业生，多人曾供职于国内外知名规划设计公司，具有丰富的项目经验。

总体而言，海淀区街镇责任规划师团队的人员配置非常高，而且基于自我报名和双向选择机制，团队成员多为中青年骨干，拥有较高的参与积极性和主动性。很多人一直生活在海淀，或早已为海淀的建设工作奋斗多年，有着优秀的业务水平、丰富的工作经验以及对海淀的热爱、对规划的热忱，致力于投身基层实践，以全面提升海淀城市建设品质。

3 责任规划师工作实践与典型案例

3.1 责任规划师工作职责

关于海淀街镇责任规划师的工作方式，重在突出三个转变。① 管控对象上，从建设管控向空间运维的转变。也就是说，不能只顾蓝图设计，还需要和基层管理者、使用者一起商量，保证高质、高效的空间运营和维护。② 规划方式上，从精英式规划向参与式设计的转变。例如 2019 年海淀区的一项重要工作就是推进京张铁路遗址公园的规划和实施，公园穿越区内 7 个街镇，直接服务周边 1 公里内的 26 个社区、8 个高校、31 万居民，故规划工作从起始阶段就明确了多方主体共同协商的实施机制，通过"市区两级专班＋多方利益主体＋公众参与"的形式推进。五道口启动区已于当年 9 月顺利完工，并正式对外开放。③ 管理模式上，从家长式管理向合伙式治理的转变。这也对责任规划师的沟通、协调与合作能力提出了更高要求。

根据《海淀区街镇责任规划师工作行动纲领》，责任规划师的主要工作职责包括以下五个方面。

（1）宣传规划成果，解读规土政策，培养基层人才

深刻领会上位规划精神，积极推进重要纲领性规划的实施，持续为街镇各级基层管理人员解释规划国土政策，向部门和社区居民作好规划成果宣传和相关规划解读；定期组织开展规划建设管理知识培训工作，提升基层管理人员的规划设计专业素养。如海淀镇规划建设与环境保护办公室组织举办的"全国土地日"系列活动中，街镇规划师专门开展了关于《北京市城乡规划条例》的解读培训。

（2）现状调研盘点，研提计划活动，推动规划实施

深入了解社情民意，全面掌握责任片区内的城市肌理、城市文化、社会经济、人文历史等基本情况，协助街镇梳理现状建设和问题、盘点存量发展空间；参与街镇长期发展计划和各类规划建设项目制定，策划各种形式的活动帮助街镇发展宣传，推动规划有效实施。如马连洼街道联合高校合伙人聚焦中关村软件园二期，以公共空间营造为题开展调查研究和专项设计，力求破解园区高峰期拥堵、创新交往活动空间不足、公共服务配套缺乏等问题。

（3）组织公众参与，协调基层矛盾，推进社区营造

了解街镇居民诉求，收集和整理社区问题，进行年度汇总，并向属地街镇和规划国土部门反馈；通过设计方案公示、建设成果评议等形式，开展公众意见征集，做好规划设计单位、施工单位、社区群众和政府部门之间的协调工作，协助街镇向公众进行答疑解惑；向社区、居民讲解责任片区的各项规划管理工作，宣传相关政策、理念和方法，普及规划建设基础知识，调动社区居民积极性，培育规划公众参与意识，推动构建"政府主导、专家服务、多元参与"的社区规划工作平台，逐步形成社区多元共治的综合实践平台。如上地街道在社区开设居民会客议事厅，街道办事处相关人员、责任规划师、设计师团队与居民代表们一起，通过议事协商的方式对社区改造方

案进行完善优化。清河街道在智学苑社区试点打造"智汇五家"社区治理共同体，全体业主是"主家"，社区"两委"是"本家"，物业服务企业当"管家"，辖区单位是"邻家"，"新清河实验"课题组团队作"专家"，通过提出议题、开展协商、形成意见、组织实施、反馈效果"五步工作法"共同参与治理社区家事。

（4）提供专业建议，规划设计把关，提升整体品质

从整体协调视角出发，对城市功能、形态、风貌及开发运营管理模式等进行整体把控；对属地街镇负责的规划编制和建设、环境提升等项目的设计方案进行全程跟踪，协调各相关设计团队协同设计；参与区段、地块的城市设计、建筑设计，以及背街小巷整治、综合整治提升、社区更新改造等方案的审议工作，列席属地街镇召开的方案专家评审会，共同审查设计方案，提出专业意见；列席责任片区内重大建设项目的审查会议，提供技术意见。如中关村街道高校合伙人结合课程教学，带领学生深入地区调研、开展更新设计，并邀请街道相关领导和人员参与设计成果交流，不仅为街区更新贡献了金点子，激发了社区居民的参与热情，而且引导学生走入社区、体验生活，深入思考设计的本质。

（5）实施监督指导，回访评估总结，实现动态维护

对属地街镇负责的各类建设项目，在施工过程中进行现场指导，监督实施效果，对施工质量、施工效果进行专业把控；参与综合验收工作，列席验收部门召开的专家评审、实施评估等会议；定期对规划目标实现情况进行跟踪评估，及时总结规划实施过程中的情况和问题，并向主管部门反馈，提出完善建议；参与由区规土分局和属地街镇组织的规划实施情况评估工作、城市体检工作和"多规合一"城市智能管理平台的维护工作。

3.2 案例1：魏公街儿童参与式设计口袋公园①

魏公街是紫竹院街道2019年三项重点街道与街区整治工程之一。在魏公街西头、北京外国语大学附属小学（下文简称"北外附小"）以南，人行道内侧有一片被护栏围起来的狭长小绿地，加上人行便道总面积近1000平方米。为了将这片封闭的绿地解放出来，成为能被进入使用、可以服务北外附小家长与孩子及周边民众的口袋公园，紫竹院街道决定延续其2018年在海淀区实验小学发起的"小小规划师——规划有我更精彩"活动，借助政府专项基金支持下的更新改造契机，探索融合小学生与大学生（北京外国语大学，以下简称"北外"）的"大手拉小手"参与式规划设计。

----

① 此案例内容由紫竹院街道高校合伙人、清华大学建筑学院唐燕副教授提供。

在实际操作中，一个注重"过程"而非"精英式蓝图"的规划设计，需要多元智慧的集体汇聚和共同付出。为了探索更具深度的儿童参与式设计 2.0 升级版本，紫竹院街道办事处、高校合伙人、责任规划师、社区青年汇、中国青年政治学院五方通力合作，通过一个多月、每周两次的持续性活动，将规划参与从常见的儿童"形式性"参与提升到了小学生的"实质性"参与。高校合伙人与街镇规划师在过程中承担了导师角色，带领 16 位北外附小的同学和 4 位北外大学生，开展有计划、逐步递进的专业引导，在"让孩子们动手"的进程中完成了街头公园的设计成果，为践行"共享共治"的城市空间创建提供了重要的实验和观察机会。

总结魏公街口袋公园儿童参与式设计的全过程，主要包含以下五个主要步骤。

① 建立平等与信任关系的团队建设。为了让孩子们体验和感知到参与的平等与尊重，并在素不相识的导师团队与同学们之间建立起紧密的信任与合作关系，通过团队建设快速拉近大人、孩子之间的距离，是参与式设计实践需要迈出和迈好的第一步。社区青年汇作为专业的社工组织，老师们通过"找朋友""谁是设计师""我们的队伍"等目标指向明确的游戏设计与活动引导，对原本陌生的群体关系进行了快速破冰，借助快乐的氛围充分建立起孩子们的信任，帮助集体形成"亲如一家"的紧密关系。

② 设计场地的亲自测绘与记录。儿童通过接触真实的自然来认知世界。导师们带领孩子们走出校门，让他们亲自参与口袋公园的现场踏勘，利用测距仪、皮尺等工具进行团队合作基础上的场地测量与记录，成为有效引导小学生们全面了解和认知地段的关键。这些"在做中学"获取到的经验，让孩子们的记忆真实、深刻而又可靠，为即将到来的设计任务实现了技能积累。

③ 针对设计目标与功能需求的头脑风暴、在地观察与公众访谈。为了能够真正从使用者的诉求出发，确保将这片原本封闭的绿地成功转型成为公共开敞、具备活力的城市空间，设计团队借助头脑风暴、在地观察与公众访谈三种路径来全方位获取需求清单。首先，导师们带领孩子们进行没有约束条件的"自由式设计"，让每个孩子对自己的作品进行陈述并阐明其设计理由，然后经过头脑风暴式的集体讨论，最终形成基于儿童意愿的设计要素清单，包括家长接送等候区、小广场、坐凳、漫步道、售卖亭等。其次，孩子们走上街头，观察路人对场地的不同使用行为，并对不同访客进行调查访谈，从而凝练出融合更多使用者类型的社会需求清单。上述两个清单的合集，成为后续设计中进行功能定位的重要依据。

④ 专业的基本设计图示语言学习。导师们仔细甄别和遴选简洁、关键、难度适中的设计图示，来教授给孩子们，赋予他们开展更为专业的规划设计的技能准备。在掌握最为基本且必要的设计图示语言之后，孩子们就可以充分发挥自己的智慧，在场地

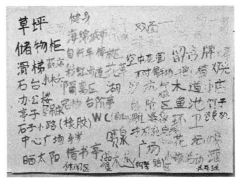

图3 魏公街儿童参与式设计口袋公园

约束的空间范围内开展设计了。

⑤ 个人设计与集体讨论相结合的方案形成。正式的设计过程包括整体的总平面设计以及场所中的景观小品设计，如亭子、座椅、雕塑等。导师们充分给予孩子表达、思考和反驳的机会，同时，敏锐地发掘孩子们设计作品中的闪光点，及时进行肯定和引导发扬。孩子们对于景观小品的设计上手很快，可能因为这些要素是身边常见且易感知和触摸的。平面总图设计的挑战相对要大，需要他们建立起综合、系统的分析能力，处理好不同功能片区之间的衔接关系、不同设计要素之间的关联性等（图3）。

综上所述，魏公街街头公园的设计探索通过责任规划师制度，充分发挥成人的智慧并开展有效引导，使得儿童真正实现"过程式"与"结果式"相结合的规划设计深度参与，进而带动更多的家庭、社会各方共同关注和参与身边的空间改造与提升。

3.3 案例2：清河社区规划师助力社区有机更新

清河街道位于北京北五环外，近年来随着城市建设的快速扩张，从原来典型的边缘集镇迅速转型为高楼林立的城市化地区。这里曾经坐落着清河毛纺厂等我国早期著名工业企业，如今厂房外迁，留下来大量的职工大院，再加上混合型老旧小区、新建商品房小区、部队大院、保障房小区、城中村等，以多、高层为主体的多元居住社区共同构成了清河地区的主要空间形态。由于紧邻上地、中关村等高科技产业园区，加上多个地铁、高铁站点的开通，这里吸引了越来越多的高科技企业和人才的入驻。由此带来的是日趋多元、分异的社会群体以及人们日益提升的生活需求对社区服务和社区治理的巨大挑战。

2014年，清华大学社会学、城市规划、建筑学等专业师生组成跨学科课题组，在清河地区开展基层社会治理创新实验，称为"新清河实验"。"新清河实验"开展至今已是第七年，其旨在激发社区活力，促进公众参与，探索政府治理和社会自我调节、居民自治之间良性互动的方式。在实践过程中，通过采取"政府—高校—社区"共同协作的参与式社区规划方法，完成了阳光社区三角地改造、基于微公益创投的楼门美化、路见清河—公共空间改善等项目，不仅实现了一些重要公共空间环境品质和形象的全面提升，而且良好应对了居民需求，并通过动员引导社区居民、辖区企业和物业等多方主体共谋共建共管，提升了社区归属感和认同感。

基于前些年的实践探索，课题组认识到：一方面，跨学科团队长期驻地陪伴社区成长具有重要价值；另一方面，社区规划不能限于一两次活动或少数几个人的公益付出，而需要有效的制度保障，实现专业力量与基层参与的有效结合，才能实现社区可持续的良性发展。

从2018年起，为了深化和巩固社区规划工作成果，创建更加开放的多元参与平台，清河街道与课题组共同推动清河社区规划师制度建设和实践。通过与辖区单位北京清华同衡规划设计研究院以及海淀区社区提升与社会工作发展中心的合作，引进专业规划师与社会工作者，以"1＋1＋N"的方式（1名规划设计师、1名社会工作者、N名社区居民和志愿者构成的社区规划员），建立跨学科的社区规划师团队，动员和协调多方主体共同参与，探索街区层面规划建设和社会治理相结合的新思路和行动路径，实现社区的全面提升。

根据《清河街道社区规划师制度试行办法》，社区规划师团队建设采取街道搭台、企业和社区共建团队、第三方培训和评估、社区协作的方式。2018年先期在5个社区启动试点工作，通过公开招募和选拔，对口各试点社区分别组建了社区规划师团队。团队成员主要来自城市规划、社会学、社会工作等专业领域，同时应具有跨学科视野和工作方法，以及较强的社区服务精神与社区沟通组织和工作能力。部分有突出的社区动员和协调能力的社区居民可以先行作为社区规划员，通过系列专业培训和认定后可成为社区规划师。社区规划师团队通过进驻街道与社区，搭建街道、社区、居民、辖区机构与上级政府和职能部门之间的沟通协商平台，为社区提供相关技术支持，协助社区居民形成社区发展规划，并协同推动规划实施，促进地区品质全面提升。其工作职责主要包括社区资源调查与评估、社区需求调查与评估、凝聚共识与制定规划、社区沟通与社区动员等。值得一提的是，2018年海淀区聘任的清河街道高校合伙人同时也是"新清河实验"课题组主要成员、社区规划师团队牵头人之一。这样，通过"责任规划师—社区规划师"两级队伍的无缝衔接，实现责任规划师侧重在街道层级进行专业把关、技术下沉，社区规划师团队扎根社区，强化需求对接、培力协同的作用，两者各有侧重、全面协作。通过定期工作会议等工作制度，责任规划师与社区规划师团队确保常态化的经验交流、问题探讨、技术培训和共识培育，面对重大或难点项目时，可以打破社区界限，集中力量共同研讨并协同开展工作。

经过在社区为期数月的深入调研、系统评估和发展研讨，各社区规划师团队逐步在社区建立起良好的信任网络和工作基础，成为街道、社区和居民的重要协作者、支持者和助力者。一个个根植于社区特定诉求和问题的特色项目落地开花，包括基于朴门永续设计理念和方法的社区花园和校—社共植园，面向社区生活圈构建、整合公共—市场—社会三类服务的社区综合体改造，基于参与式微更新的社区中心广场提升改造，住宅楼闲置地下空间改造为居民服务场所，以及社区公共空间美化、老年餐桌等。

以毛纺北小区的公共空间美化项目为例，值得一提的是其中的美化对象并非类似项目中常用的圆形井盖，而是排水的篦子。这是因为社区规划师调研发现，老旧小区地面积水的一个很大原因是排水口经常被堵塞，于是发动和引导居民孩子与家长共同参与美化，提升他们对公共设施的认知和对公共环境的热爱，最终实现环境改造与维护的可持续（图4）。这可以视为通过改变人的行为认知而形成的新的空间干预路径，是一种柔性介入、来自社区规划师团队跨学科碰撞的火花。

另一个案例是美和园社区加气厂小区的社区花园营造项目。在课题组、社区规划师团队的牵头推动下，整合街道、社区两委、社区居民、专业组织和外部志愿者等多方力量，通过技术培训、故事分享、参与式设计，邻里关系改善了，人们对花园改造

图4　毛纺北小区居民参与公共空间美化活动

图5　加气厂小区共建社区花园

充满了憧憬和激情，一开始的质疑和观望逐步被打消。社区居民和志愿者作为主体，全程参与花园的设计和营造过程。花园营建完成后，居民自发成立维护小组，共同商议花园维护公约，定期开展浇灌、修剪、除草、堆肥等活动，并基于自主提名、民主投票的方式，选定了"幸福花园"的名称（图5）。一片曾经长期荒废的绿地，经过大家的共同参与，重新焕发活力，并带动社区邻里的互动交往，激发了社区活力。

过去数年时间里，清河社区规划工作在不断总结经验和直面新问题的基础上，努力探索路径的"升维"，体现为由"点"及"面"、由"路径探索"到"机制建立"，从早期基于典型社区的参与式社区规划实践工作，逐步转向在街道层级激励人才培育、队伍建设和项目孵化的社区规划师制度创新与实践。

总结其制度实践的意义在于：① 有效链接辖区资源，推进多元参与社区规划模式。秉承"以街道为平台、专业人员作为指导力量、居民为参与主体"的原则，有效动员和链接辖区及周边地区专业力量，包括高校师生、设计院及在地枢纽型社会组织，实现行政力量主导、社会力量支持与社区主体推进的全面结合。② 探索空间提升和社区治理结合的街区更新模式。新时期的街区更新，肩负对物质空间环境的改造提升重任，更面临基层社会治理创新的挑战，其中涉及不同群体和住户的利益分化、多数人利益与少数人利益、长期利益与短期利益、整体利益与局部利益等复杂的利益关系。一方面，需要借助跨学科团队力量和协同工作模式，以环境品质提升为契机带动和促进社区治理创新；另一方面，通过社区治理创新反过来又可以助力环境品质提升与维系的可持续性，实现两者的有机结合。③建立社区有序参与街区规划的长效机制。一方面，创新以社区为主体的多方参与机制，规划设计师与社会工作者提供外部专业支持，搭建社区参与平台，提升社区参与意愿和参与能力；另一方面，社区作为改造后空间的最主要使用者、管理者和维护者，其参与有助于形成空间管理维护的内在有生力量。④发挥公共资源引导和杠杆效应，推进基层治理制度创新。以社区规划师制度为核心，整合街道各项相关工作，包括联合党支部建设、党建经费使用办法优化、社区协商议事平台建设、老旧小区综合整治等，充分发挥公共资源投入的集聚优势和杠杆效应。同时，以社区规划理念为出发点，推动街区更新的制度革新。如街道创新社区公共资金项目制度，采取政府补贴、社会支持与居民自筹相结合的筹资原则，并以项目制方式鼓励社区的持续参与；设立社区规划师专项资金，转变政府长期以来"为工程买单"的主要形式，转向"为智力买单"。通过制度创新保障，吸引专业力量长期扎根社区，将自己的所学所长与地方的可持续发展紧密结合，通过实践考验与共同成长，实现专业学识的在地转化，真正造福社区。

4 责任规划师制度的意义和作用

4.1 意义与特色

海淀区街镇责任规划师的制度建设，通过整合基层治理、规划设计与实施建设的一体化，引智下基层，推动海淀区从"科教大区"走向"科创强区"，意义重大且深远。具体可以概括为"应对三大转型背景，实践三大对接需求"。从转型背景而言，及时应对了当前中国城市，特别是北京作为超大城市建设国际一流的和谐宜居之都的时代背景，城市建设从粗放拓展到精细绣花的规划模式转型，海淀区推进"两新两高"战略面临提质跨越的发展模式转型，以及城市资源、服务、管理向基层街镇下沉的治理模式转型。从对接需求而言，有助于实现城市发展的顶层设计与基层落地实践的有效对接，上位资源投入和政策引领与回应民生、需求补齐民生短板的有力对接，以及社会治理创新与空间发展实践的有机对接。

相比于同期国内其他地区的类似工作，总结海淀区街镇责任规划师制度设计和实践有以下主要特点。

一是制度先行，体系完善。海淀区在工作启动之初就颁布了责任规划师工作方案，明确其工作职责和工作形式，构建"一册、一图、一库"工作平台，而且通过专人专岗、固定薪酬、定期考核等系统化的制度设计，有助于确保责任规划师团队的工作有序、有效推进。

二是团队合作，各司其职。基层规划工作的复杂现状，通常靠一个人或一个团队的力量很难全面应对。海淀区提出构建"1＋1＋N"责任规划师工作团队，分工明确，有助于充分发挥专职人员、高校师生、设计团队三方的优势力量，为基层规划提供全方位支持。例如，通过充分发挥海淀高校多的独特优势，与高校老师教学科研专长相结合，区别于一次性、任务性的项目制模式，能形成对社区的持续跟踪调研和柔性介入。又如，街镇规划师原则上不承担本街镇的规划设计项目，有助于避免"裁判员"和"运动员"身份不清的问题。

4.2 作用与价值

海淀区街镇责任规划师的主要作用体现在以下三个方面：一是作为双向对接的桥梁，实现政府自上而下资源投入与社区真实需求之间的更好对接，城市宏观规划战略与基层发展建设之间的无缝衔接；二是扎根基层提供规划技术支持，应对社区更新和微观人居环境品质提升的迫切需求，为基层规划建设实施提供持续性专业技术力量支持；三是培育共建共治规划参与平台，通过充分挖掘社区需求、搭建社区参与平台、动员社区参与规划，为营造高品质社区宜居环境提供长效造血机制。

由此，解读责任规划师制度的实践价值，具体体现在以下三个方面。

① 这是个价值引领的实践平台，将规划设计学科长期以来追求美好环境与和谐社会共同缔造的专业理想，高校人才培养、科学研究、社会服务和文化传承创新等核心任务，紧密扎根于地区发展的共同使命中。

② 这是个实现个性多元与整体统筹的协同过程。责任规划师团队充分依据各自特点确定重点工作。例如，清华大学高校合伙人团队结合自身教学和科研特长，明确了地区规划战略顾问、实施操作专家咨询以及教研结合实践平台三个方面的主要工作定位，并结合街镇特色，依托团队特长，发挥协作优势，一方面分街镇因地制宜地拟定工作任务，同时又尝试打破行政边界，实现跨街镇的整体谋划和协同合作。

③ 这是个在行动和实践中日臻完善的探索过程。作为规划师，既要仰望星空，又要脚踏实地，到基层听取民意，与街镇、社区、相关部门相互学习，携手实践，让规划能真正服务于社区最迫切的需求，让规划能真正有效地落地实施，让规划能真正让群众从身边的点滴变化中感受到幸福感和获得感。作为责任规划师，既要大胆创新，更要小心求证，要充分珍惜和慎重使用政府和社会赋予的职责和权力，特别针对制度设计中可能的问题点，如责任规划师的责权界定、"裁判员"和"运动员"的身份处理等，

需要谨慎探索，逐步完善相关的工作模式、方法和制度架构。

5 发展展望

作为一项刚刚起步的新工作领域，海淀区街镇责任规划师工作作出了很多非常前沿创新的实践探索，也反映出一些未来有待进一步改进和拓展的空间，主要如下。

（1）加强责任规划师跨学科能力培养

对于责任规划师而言，最具挑战性的是工作方式的转变。很多时候需要从坐而论道转向走街串巷，与居民聊天，才可掌握辖区的第一手情况。由于许多工作是面向实施的，专业知识的表达也从图纸绘制转向了现场指导。由于涉及各专业协同，又要求具备较强的统筹能力和沟通能力，交流对象从相对单一的领导、甲方转为多元人群，如街道干部、居民、设计师、施工队等，既要能协调各方的关系，又要能站在各当事人的角度换位思考，才能切实解决问题。这对规划师的知识结构提出了更高要求，需要拓展规划设计与社会学、公共政策等学科的跨学科素养，特别应关注社区规划与参与式设计、社会学习与调研、社区协商与动员、规划实施与管理等核心能力培养。

（2）构建专业团队合作平台，强化区级协动

城市更新面临的事务繁杂，如空间改善、文化提升、助残养老等，每项工作都关系到居民的切身利益，且相互之间有着很强的关联性，进一步增加了基层规划建设工作的复杂性和综合性。但规划师并不是包打天下的，因此建立一个汇聚各方力量的协同工作平台非常重要，涉及如建筑师、社会工作者、志愿者、社会组织、文化机构、养老机构等相关主体。

而现实中，街镇和社村往往缺乏渠道和资源去寻找和对接合适的社会组织或机构。需要重视在区级层面搭建资源对接与合作平台，加强民政和规划部门工作之间的协同统筹，为基层的团队协作创造更多机会。

（3）强化"区级协动—街镇下沉"双向联动工作模式

街镇责任规划师需要全面下沉到街镇具体规划建设工作中，不再是临时型、救火型、或万能型人员。需要政府转变运动式的工作思维和方式，譬如大范围迅速铺开责任规划师工作，又希望短期见效，很可能会出现另一种形式主义，导致责任规划师的专业意见和居民的诉求依然被排除在程序之外。要认清责任规划师的地位作用，善用其长，而非将其视为万能的灵丹妙药，或赋予其无法担当的责任。海淀区一些街镇规划师被委任为街镇主任助理，可视为关于长效工作平台的有益探索。设置专人专岗，有助于专业力量更好地在街镇层面发挥规划引领和统筹的作用。

与此同时，还需要充分发挥各街镇责任规划师在区级层面的合作与协动，有助于破局当前街镇工作中行政边界约束下画地为牢、各自为政的工作方式，形成合力。这一协动工作模式尤其适用于高校合伙人团队，能更好地发挥不同专业师生团队跨学科合作，以及谋划区域性、长远性、全局性发展战略的优势。

（4）培育社区规划师团队，深化基层参与规划的制度建设

海淀区责任规划师工作职责中有一项重要内容就是组织公众参与，在调研中社区居民也表达出很强的参与热情和积极性。但现实情况是，受制于街镇工作尺度下个人、团队的精力或能力有限，很多责任规划师只能"悬浮"于街镇层面，提供专业支持和重点项目指导，很难与社区有直接接触，更不用说充分了解和反映社区需求及问题。这与我国现状社区特点紧密相关，海淀区一个街镇人口动辄十余万人，一个社村人口也是上千甚至近万人。因此，要实现走进社区、动员参与的目标，仅仅依靠责任规划师这一支队伍是难以实现的。

清河街道社区规划师制度建设和实践成果显示，培育扎根地方的跨学科团队，并充分培养和吸纳社区成员参与，有助于挖掘和培育地方资产、凝聚社区合力、优化社区治理体系和提升社区可持续发展能力。并且，通过"街镇—村社"两个层级的"责任规划师—社区规划师"两支队伍分工协作，前者强调战略技术指导和监督，后者强调民意协调和参与动员，能更好地实现上下联动，实现战略指引和资源投放与在地诉求和发展意愿的良好对接。

总之，城市更新时代的工作特征已经与之前粗放发展时期有了巨大的不同，责任规划师制度可谓应运而生，但运行之初需要我们各方都作好充分的心理准备和知识与经验储备，且要多一份耐心和恒心，使之能逐渐完善，为城市和社区的健康、可持续发展作出相应的贡献。

参考文献

［1］北京市规划和自然资源委员会．北京市责任规划师制度实施办法（试行）．2019-05-10.

［2］北京市规划和自然资源委员会．海淀分区规划（国土空间规划）（2017年—2035年）．2019-01-11.

［3］北京市人民代表大会常务委员会．北京市城乡规划条例．2019-04-04.

［4］北京市人民代表大会常务委员会．北京市街道办事处条例．2019-11-27.

［5］海淀区街镇责任规划师工作方案（试行）．2018-12-24.

［6］刘佳燕，邓翔宇．基于社会—空间生产的社区规划——新清河实验的探索［J］．城市规划，2016（11）：9-14.

［7］刘佳燕，谈小燕，程情仪．转型背景下参与式社区规划的实践和思考——以北京市清河街道 Y 社区为例［J］．上海城市规划，2017（2）：23-28.

［8］刘佳燕，王天夫等．社区规划的社会实践——参与式城市更新及社区再造［M］．北京：中国建筑工业出版社，2019.

［9］唐燕．设计分享 | 让孩子动手设计：魏公街口袋公园儿童参与式设计［EB/OL］．［2019-09-03］．https：//www.iarchis.com/index.php?m=news&a=detail&id=182.

［10］中共北京市委北京市人民政府．北京城市总体规划（2016 年—2035 年）．2017-09-29.

［11］中共北京市委北京市人民政府．关于加强新时代街道工作的意见（京发［2019］4 号）．2019-02-23.

上海：细微之处见真章
——杨浦区社区规划师助力社区公共空间微更新的实践

成元一

1 背景

1.1 上海 2035 总规引领

《上海市城市总体规划（2017—2035 年）》（以下简称上海 2035 总规）中提出了两个非常重要的目标，一是 2035 年上海市常住人口将控制在 2500 万人，二是建设用地将控制在 3200 平方公里，这两个目标的提出预示着资源紧约束将成为今后上海城市发展的一个新常态。上海 2035 总规提出要建设卓越的全球城市，在众多的存量社区中居民对社区公共空间环境品质和配套服务的需求也在不断增加，因此，在资源紧约束的条件下，更新成为上海对城区的品质进行提升的必然选择。

1.2 上海微更新工作实践

一方面，对涉及社区的相关规划指标而言，伴随着上海 2035 总规的编制与审批，上海在多年社区规划工作的基础上出台了《15 分钟社区生活圈导则》，让市民在以家为中心的 15 分钟步行可达范围内，享有较为完善的养老、医疗、教育、商业、交通、文体等基本公共服务设施。其中社区规划所涉及的各项指标，不但全面提高了配置要求，而且新增了一些设施种类，由此确立了上海社区规划的新标准。同时，上海对全市的空间规划体系也进行了进一步的完善，开展了单元规划修编、土地出让前规划评估等创新工作，将 15 分钟生活圈的各项指标要求予以落实。

另一方面，对于不涉及规划指标的社区更新工作，在全市层面，主要由市规划资

作者简介：成元一，上海市杨浦区规划和自然资源局规划管理科科长。

源局下属的上海城市空间设计促进中心牵头，连续几年开展了"行走上海——社区空间微更新计划"，与各区进行合作，以设计方案征集的形式，选取上海的一些公共空间进行设计改造。除了市级层面对于社区更新工作的引领外，上海的部分区和街道也从完善社区治理的角度出发，自发地进行了不少尝试。例如浦东新区的"缤纷社区行动"，聚焦活力街巷、街角空间、慢行网络、艺术空间、林荫街道、口袋公园、透绿行动、公共设施和运动场所等与居民生活密切相关的九大行动，推动了以陆家嘴街道"活力102"等项目为代表的一系列社区更新项目落地；普陀区的万里街道通过三年行动计划，完成了滨河漫步道改善、社区小广场美化等系列项目；黄浦区南京东路街道的贵州西里弄、杨浦区四平路街道的"空间创生行动"也都从自身的特点出发，进行了很多有益的尝试。

1.3 杨浦区转型发展需要

杨浦区位于上海市中心城区的东北部，东侧和南侧临黄浦江，与浦东新区隔江相望，西侧和北侧则与虹口、宝山区交界，占地约60平方公里，常住人口约132万，是上海市中心城区中人口规模和占地面积最大的区，被称为"大杨浦"。独具特色的"三个百年"（百年工业、百年大学、百年市政）是杨浦区最为宝贵的历史资源。杨浦区在历史上曾聚集了众多知名的大型工业企业，在一定的历史时期为国家的工业化作出过重要的贡献。2000年以后，伴随着产业结构的调整，杨浦区又开始迈入了从"工业杨浦"到"知识杨浦"再到"创新杨浦"的转型之路。

经过多年的发展，杨浦区目前呈现出比较明显的东、中、西的空间结构。西部集聚了主要的产业功能，包括大连路总部研发集聚区、环同济知识经济圈、江湾—五角场城市副中心以及新江湾城；东部沿黄浦江一带是滨江战略发展带，也是未来城区发展转型的主要区域；在东西两条主要产业功能带中间，则是大规模的住宅社区，大部分建成时间较长，尤其是为当年"工业杨浦"进行居住配套的老工人新村，在现阶段无相应的政策支撑，无法进行整体拆除重建（图1）。在此背景下，如何提升这些老工人新村社区的品质，微更新成为杨浦区的必然选择。

近年来，杨浦区对于以老工人新村为主的老旧住区，陆续开展了社区公共空间微更新试点、美丽家园、美丽街区、睦邻家园等多项工作，取得了一定的效果。街道作为社区更新和治理的责任主体，负责这些项目的推进。但从一些项目的建成效果来看，社区更新，尤其是在空间更新范畴，如何产生形象美且好使用、好维护的空间，需要更为专业的知识储备，因此各街道对于在社区更新方面引入高水平专业人士有着较急切的渴望。

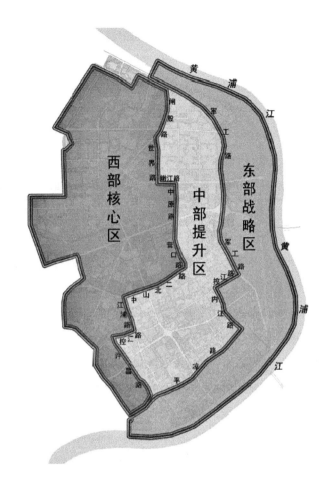

图1　杨浦区空间结构示意图

2　杨浦区社区规划师制度建设

　　如何将社区更新工作做好，除了街道和各条线自身发力外，杨浦区也在发挥自身优势、借助外脑方面进行了深入的思考。杨浦区拥有得天独厚的高等教育资源，辖区范围内的复旦大学、同济大学、上海财经大学、上海理工大学等数十所著名高校和各大科研机构，为杨浦区将专业人士请进社区提供了先天的有利条件。为提升杨浦区的社区工作水平，紧紧依托大学和科研院所优势资源，2018年杨浦出台了《睦邻家园建设导则》，打造"两师两顾问"品牌，即社区政工师、社区规划师、社会治理顾问和社区法律顾问，让专业人士成为政府的社区顾问，也成为政府与社区居民之间的桥梁，其中社区规划师制度就是杨浦区率先进行制度化尝试的一项工作。

　　为提高社区治理社会化、法治化、智能化和专业化水平，打造更高品质、更有归属感和幸福感的国际大都市中心城区，结合杨浦区城市更新带动城区转型发展的要求以及创建全国文明城区的目标，以"微更新、微治理、微干预"为抓手，进一步提升杨浦区社区公共空间微更新、美丽家园、美丽街区、睦邻家园等社区更新工作的整体品质，充分发挥同济大学及众多设计单位集聚杨浦的优势，杨浦区于2018年年初建立了社区规划师制度。考虑到同济大学城市规划、建筑、景观、设计等专业在全国的优势地位，在社区规划师制度建立前，杨浦区就与同济大学积极沟通协调，以同济大学相关专业在校教师及同济城市规划设计研究院专业人员为主，搭建社区规划师队伍班底。

为将社区规划师制度打造成为杨浦"三区联动""三城融合"的特色品牌，同时确保该项制度可实施、有实效，杨浦区形成了《杨浦区社区规划师制度实施办法》，明确了每位社区规划师与一个街道结对，为所结对的街道社区更新工作（包括微更新、美丽家园、美丽街区、睦邻家园）提供长期跟踪指导、咨询服务，对社区更新项目的设计质量进行把控，并指导所结对的街道进行社区更新项目实施，也明确社区规划师可优先参与具体社区更新项目的设计工作。制度也明确，各街道应与社区规划师进行紧密配合，尊重和落实社区规划师的专业意见，切实推进辖区内社区更新项目的实施，提升社区空间品质。为保障社区规划师制度的运行，杨浦区每年提供一定的资金支持。

在社区规划师的选择上，同济大学负责人员动员，主要从社区规划师需要具有良好的专业技术技能，需要具备参与公共事务的热情，以及善于沟通、愿意奉献、公平公正等方面进行考虑和筛选，相关专业的老师和设计师报名踊跃。最终，以街道和社区规划师双向选择的方式，明确了12位社区规划师及其结对的街道，确保每个街道安排1位社区规划师。12位社区规划师中，既有同济大学建筑城规学院副院长张尚武教授、城乡规划系系主任杨贵庆教授等资深专家，也包括网红设计师、景观系的刘悦来老师，以及区人大代表、同济城市规划设计研究院梁洁总工等中青年专家，大部分的社区规划师都是杨浦区本地居民或在杨浦区内工作，还有部分在过往工作中已有过和杨浦区内相关街道合作的经历（表1）。

杨浦区社区规划师名单 表1

序号	姓　名	职　务	结对街道
1	王红军	同济大学建筑与城市规划学院建筑系副教授	定海
2	陈泳	同济大学建筑与城市规划学院建筑系教授	大桥
3	徐磊青	同济大学建筑与城市规划学院建筑系教授	平凉
4	匡晓明	同济大学建筑与城市规划学院城市规划系副教授	江浦

序号	姓　　名	职　　务	结对街道
5	黄怡	同济大学建筑与城市规划学院 城市规划系教授	控江
6	梁洁	上海同济城市规划设计研究院 主任总工程师、高级工程师	延吉
7	王伟强	同济大学建筑与城市规划学院 城市规划系教授	长白
8	张尚武	同济大学建筑与城市规划学院副院长 城市规划系教授	四平
9	王兰	同济大学建筑与城市规划学院院长助理 城市规划系教授	殷行
10	刘悦来	同济大学建筑与城市规划学院 景观学系教师、高级规划师	五角场
11	董楠楠	同济大学建筑与城市规划学院 景观学系副教授	长海路
12	杨贵庆	同济大学建筑与城市规划学院 城市规划系主任、教授	新江湾城

2018年1月11日，杨浦区与同济大学联合举行"杨浦区社区规划师"签约仪式，12位规划、建筑、景观专业的专家正式被聘任为杨浦区社区规划师（图2）。每位社区规划师与区内一个街道、镇结对，指导街道、镇对其辖区内老旧社区、小区内部公共空间、街角街边公共空间、慢行系统等开展调研分析，并结合居委会及居民诉求，帮助设计和确定社区更新方案。在方案形成后，继续提供包括规划宣传、群众动员、监督实施、活动组织以及长期运维等全过程指导。社区规划师首任聘期为三年（2018～2020年），以社区微更新作为落脚点，逐步推开相关工作。

图2　杨浦区社区规划师签约仪式合影

3 杨浦区社区规划师具体实践

社区规划师制度建立以来，12 位社区规划师全身心投入到杨浦社区更新工作中，热情为社区奉献专业智慧。一方面，通过工作例会、居民座谈、现场踏勘、方案讨论等方式，为各街道微更新、美丽家园、美丽街区等项目提供真知灼见，为社区的管理者和居民打开了思路，提升了专业素养。另一方面，除了指导微更新方案等"规定动作"外，所有社区规划师都自我加压，和街道一起做了"自选动作"。他们有的为街道作了整体层面的研究，有的和街道一起组织了专业的公益活动，有的在所结对的街镇开展了课程设计，都取得了很好的成效。社区规划师的专业水准和敬业精神得到了各街镇和居民的认可。

3.1 微更新项目

社区公共空间微更新是杨浦区社区规划师工作的重要落脚点。相关制度建立初期就明确了从小处着手、从微更新着手、逐步推动社区规划师参与社区更新各项工作的原则。因此，在社区规划师制度建立后，由区规划资源局牵头，杨浦区每个街道都在社区规划师的指导下，结合社区居民的意愿，明确了社区公共空间微更新项目的选点。在征求意愿的基础上，明确了由各位社区规划师设计或参与指导微更新方案。同时，为了保证微更新项目设计质量，区规划资源局从规划编制经费中对微更新项目的设计费进行专项补贴。2018 年，在社区规划师指导或设计下，共形成了 12 个微更新方案，并通过了区规划委员会的审议。

2019 年，各街道微更新项目在社区规划师的指导下相继进入实施阶段，截至 2020 年 2 月，已竣工 7 项，2 项正在施工，3 项正在施工前期（表 2、图 3）。

杨浦区微更新项目清单 表2

序号	街道	项目名称	社区规划师	目前推进情况
1	四平	四平路 1028 弄社区空间微更新	张尚武 指导	已完工
2	长白	安图新村 38 号小广场改造	王伟强 指导	
3	五角场	铁路新村小区中心花园改造	刘悦来 设计	
4	控江	控四小区中心绿地改造	黄 怡 指导	
5	江浦	打虎山路公共空间微更新	匡晓明 设计	
6	长海	翔殷三村中心花园改造	董楠楠 指导	
7	大桥	中王小区公共空间微更新	陈 泳 设计	

续表

序号	街道	项 目 名 称	社区规划师	目前推进情况
8	延吉	延吉二三村小区中心花园改造	梁 洁 设计	正在施工
9	殷行	开鲁三村中心花园改造	王 兰 设计	
10	定海	隆昌路542弄小区绿地及厂房改造	王红军 设计	施工筹备
11	新江湾城	时代花园小区东侧绿地改造	杨贵庆 指导	
12	平凉	明园村公共中心微更新	徐磊青 设计	

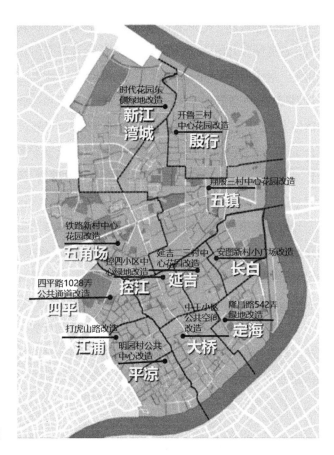

图3 杨浦区微更新项目分布图

五角场街道的社区规划师刘悦来老师，是社区规划师队伍中表现比较突出的一位。刘老师是五角场街道的居民，在做社区规划师工作之前，作为同济大学的景观系教师以及四叶草堂青少年自然体验服务中心的理事长，他已经在杨浦区特别是五角场街道深耕了很多年。尤其是他带领四叶草团队打造的创智农园，成为促进周边社区融合、引领社区居民自治的典范。在正式成为五角场街道社区规划师之后，刘老师的团队推动了国定一社区和创智农园之间睦邻门打开等工作，取得了很多成绩。

　　五角场街道的微更新项目由刘悦来老师团队负责设计，选点在五角场街道的铁路新村小区。该小区建成于20世纪70～80年代，作为上海市铁路局职工住宅区，承载了几代铁路人的文化记忆。但小区内中心花园现状部分设施老旧、场地功能单一、绿植缺乏层次，整体环境品质较差，小区居民迫切期待这处活动空间既能够留存关于铁路的记忆品质，又能得到改善。在方案初期对基地的调研中，社区居民提了很多的建议。社区中的老人说："经常带小孙子来这里，如果开辟出一块儿童玩耍区域就更好了。"居委会干部指着花园中间的一块破败的石碑说："这是小区刚建成时立的纪念碑，如果修缮好，会是小区重要的文化记忆。"

　　对于这些诉求，刘悦来老师和他的团队都一一认真记录在笔记本上。和居民再见面时，刘老师和其团队已经形成了完整的设计方案，并以浅显易懂的方式向居民进行了讲解。居民们惊喜地发现上次提的一个个小心愿都已经画在了图纸上，并且经过社区规划师的专业设计后，比原来想象的更有趣味和创意，他们更加期待这个设计方案的落地实施。形成设计方案后，刘老师团队和街道通过召开方案听证会、张贴设计方案公示图等方式征询居民意见，根据居民意见调整方案，再反馈给居民。经过这样多个轮回，不断对设计方案的每个细节反复斟酌和修改（图4），终于历时半年多的时间，形成了最终的设计方案。

　　设计方案以"功能完善、景观丰富、休憩舒适"为目标，同时在细节上结合铁路文化设计了多处创意景观小品，主要改造内容体现在以下五个方面：① 为中心广场增加通行路径，改善了场地的通达性；② 对场地原有的廊架、座椅、景观亭、健身步道等设施进行修缮和美化，提高了居民室外活动的舒适性；③ 增加儿童沙坑和游戏设施，营造了儿童游乐的趣味性；④ 通过多层次的植物配置及设施视觉导引，提升了场地景观的丰富度；⑤ 通过新增墙面彩绘及修补原有的铁路文化石碑，增强了社区居民的社区认同感和文化自信（图5）。

　　在社区规划师团队、街道、居委会、热心居民以及区规划资源局的共同努力下，

图4　刘老师和团队正在与居委干部沟通

图5　铁路新村小区中心绿地效果图

图6 铁路新村小区中心绿地改造后实景图

该中心花园微更新项目已在2019年10月竣工。项目虽小，但通过刘悦来老师团队的精心营造，每一处细节都与居民的使用需求相契合，尤其是在布局中考虑将老人活动区与儿童活动区有机结合，从实际出发提升了居民的幸福感（图6）。通过这个微更新项目，社区规划师刘悦来老师的专业水准和敬业精神也得到了铁路新村居民的认可。

除了刘悦来老师，其他各位社区规划师也都将社区规划师工作与自己的本职工作相结合，积极投身于结对街道的各项社区更新工作中。延吉街道社区规划师梁洁总工作为延吉街道的人大代表，参与了街道的美丽家园、美丽街区等多个项目，主导设计了延吉街道延吉二三村中心花园改造微更新项目。团队通过实地调研、走访，发现中心花园休闲设施建成年代久远，植被品种较丰富及生长情况较好，但缺少修剪和养护，缺乏设计感和设施，活动类型单一。微更新项目与小区美丽家园项目相结合，方案设计通过改造木廊架、增设座椅、儿童活动区、健康跑道、植物种植等，旨在建造一个交流互动的睦邻乐园、老少咸宜的全龄学堂、动感时尚的运动天地和寓教于乐的生态绿洲。项目目前已经竣工（图7、图8）。梁洁总工还在延吉街道开展了小小规划师的活动，向中学生普及城市规划知识。

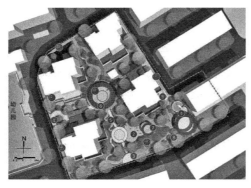

图7 延吉二三村中心花园改造平面图

图8 改造后实景图

图 9　中王小区微更新效果图　　　　　图 10　改造后实景图

大桥街道社区规划师陈泳教授不但将自己的教学活动与社区规划师工作相结合，带领学生对大桥街道的沈阳路周边区域进行了研究，还亲自主持了中王小区的微更新项目，为原为纺控集团职工的居民们专门定制了"情忆棉绵"的设计主题，并很好地落实到了最终的设计方案中，继而结合小区的美丽家园项目付诸施工。方案对小区入口、围墙、道路交通组织、绿化、生活设施进行改造升级，提升了小区的安全性、舒适性、宜居性和便利性（图 9、图 10）。

3.2　社区规划师培训

为了进一步提高各街道和相关部门工作人员从事社区规划工作所需的专业能力，杨浦区和同济大学一起组织了社区规划师培训。2018 年，一共邀请了 17 位规划、建筑、社会治理、社区营造方面的专家，举办了 13 场培训，其中包含 3 次主题工作坊。参加培训的人员，除了街道、相关委办局从事社区规划相关工作的部分人员，也有对社区规划感兴趣的居委干部、居民、高校学生、社会组织成员。2018 年约 900 人次参加了培训。2019 年的培训在前一年的基础上进行了优化，除了常规的面向全体学员的讲座外，还举行了一些专题培训，以及两次针对街道工作人员的小班培训，还组织各街道到已竣工的微更新现场进行交流（表 3）。大桥街道的张寅啸参与了多期杨浦区社区规划师培训，他表示"培训围绕着社区规划这一概念进行了全方位的拓展和接触，其中既有与知名规划师的近距离交流座谈，又有各具特色的社区规划完成实例观摩，令我对社区规划有了非常直观的印象，可以更好地参与到社区规划工作中来"（图 11、图 12）。

在 2018 年 3 次工作坊的基础上，刘悦来老师还组织了社区规划在地组织工作坊，以五角场街道部分区域为研究区域，培育了一批热心于社区规划的社区居民和专业人士。

2019年社区规划师培训情况   表3

序号	日期	讲座形式	讲座主题	主讲人	参与人数
1	2019 年 3 月 22 日	公开讲座	社区营造 101——以人为本的城市改造	侯志仁	100
2	2019 年 4 月 26 日	公开讲座	社区规划 & 设计：在地力量的挖掘和培育	山崎亮、飨庭伸、Helen、王本壮	150
	2019 年 4 月 28 日	工作坊		山崎亮、飨庭伸	100
3	2019 年 6 月 28 日	内部交流	从空间营造到社区营造	刘悦来	30
4	2019 年 7 月 6 日	公开讲座	台北市首轮微更新计划案例	林德福	50
	2019 年 7 月 6 日	工作坊	社区营造是什么？不懂啊！	刘昭吟	50
5	2019 年 8 月 2 日	公开讲座	社区设计与地方创生	陈育贞	150
	2019 年 8 月 3 日	工作坊		陈育贞、林德福、吴楠	50
6	2019 年 9 月 26 日	参访交流	四平街道微更新项目交流	倪旻卿、冯高尚、金远	30
7	2019 年 11 月 17 日	公开讲座	社区是否可以被规划？	童明	150
8	2019 年 12 月 13 日	参访交流	缤纷社区优秀案例	朱新捷、陈鑫、韩羽娇	40
总计		—			900

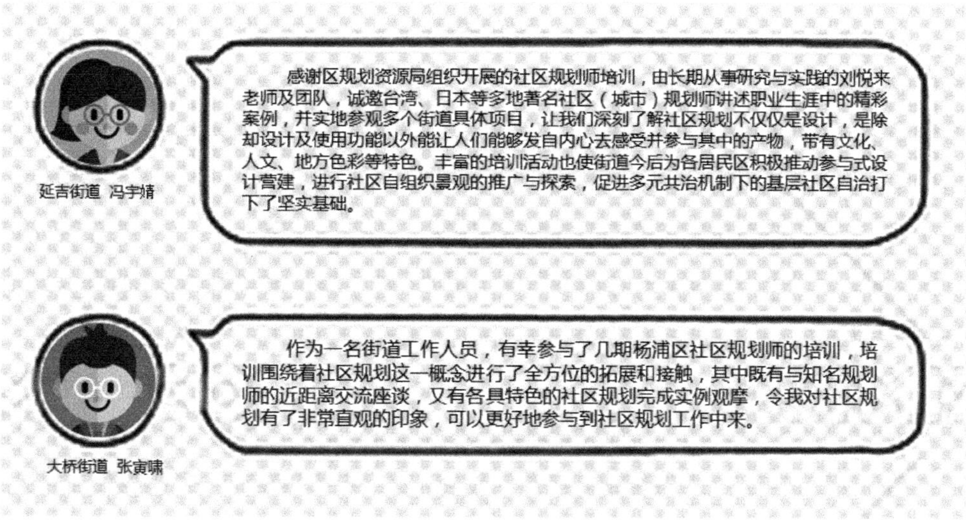

感谢区规划资源局组织开展的社区规划师培训，由长期从事研究与实践的刘悦来老师及团队，诚邀台湾、日本等多地著名社区（城市）规划师讲述职业生涯中的精彩案例，并实地参观多个街道具体项目，让我们深刻了解社区规划不仅仅是设计，是除知设计及使用功能以外能让人们能够发自内心去感受并参与其中的产物，带有文化、人文、地方色彩等特色。丰富的培训活动也使街道今后为各居民区积极推动参与式设计营建，进行社区自组织景观的推广与探索，促进多元共治机制下的基层社区自治打下了坚实基础。

延吉街道 冯宇婧

作为一名街道工作人员，有幸参与了几期杨浦区社区规划师的培训，培训围绕着社区规划这一概念进行了全方位的拓展和接触，其中既有与知名规划师的近距离交流座谈，又有各具特色的社区规划完成实例观摩，令我对社区规划有了非常直观的印象，可以更好地参与到社区规划工作中来。

大桥街道 张寅啸

图 11 社区规划师培训参与者感想

图12　2019年社区规划师培训—四平路街道微更新项目交流

4　杨浦区社区规划师和微更新工作实施成效及相关思考

4.1　实施成效

社区规划师是将规划的"自下而上"和"自上而下"相结合的平台，杨浦区社区规划师制度建立近两年来，取得了一定的成效，为杨浦区社区规划和更新工作带来了新的气象。具体成效总结如下。

（1）微更新能够有效促进社区各类公共空间的品质提升，更加贴近居民的实际需求

目前杨浦区的微更新工作是由区规划资源局牵头。区规划资源局传统上开展的工作以规划编制和项目审批为主，居民从这些项目中能够有获得感的其实很少。区规划资源局参与了社区微更新的工作之后，规划进了社区，规划工作更加接地气。微更新工作改变了以往由政府主导、自上而下的传统模式，力求实现规划资源局、街道、规划建筑专家、设计单位和市民等多方群体深度参与设计与建设，进一步加强了公众对社区内身边的公共空间实际改造的参与度。例如，四平路街道与同济大学合作开展了"四平空间创生行动"，虽然主要做的是一些街道家具、楼梯间等微小改造，但实际上，对于这些改造，居民的感受度非常高。从初期的方案设计开始，社区居民就有了投票权。后续的方案优化、施工和维护管理也始终强调和尊重居民的需求。不仅如此，社区规划师的培训组织也充分体现开放性，鼓励社区居民走进课堂，表达想法和建议。正是这种从被动接受到主动参与的转变，大大激发了居民的归属感和认同感。通过实现社区公共空间小而美的"微更新"，为社区居民带来了身边的"微幸福"，提升了社

区居民的获得感和幸福感。

（2）微更新是一种全新的城市更新模式

为什么社区更新、社区规划在北京、上海、成都这样的大城市受到更多关注？这主要是因为大城市经历了一段时间的建设，到了新的发展阶段，中心城区可实现大拆大建的开发土地越来越少，更多的是可开发用地外的边角地、插花地、零星地，多层的老旧小区、工人新村现在也越来越难以满足居民的日常生活需要和现代城市的建设要求，因此对于已建成环境的提质增效、空间环境品质提升的内涵式发展成为关注重点，这些城市的政府、学界和市民都逐渐把目光聚焦到如何从大的方面向小的方面进行转变上。微更新正是一种以微改造、微提升、微治理为手段，以渐进式的节奏提升城市功能、改善环境品质、实现城市精细化管理的方式。相对于大动干戈的建设开发和更新改造而言，微更新模式改造成本低、可参与度高，更有利于复制和推广，从而引发链条效应，真正使与居民生活息息相关的社区公共空间更有温度和活力。因此，做一些与居民生活息息相关的社区公共空间的改造工作，提升社区居民的归属感、获得感和幸福感，需要政府更多地听取社区居民的意见，也需要社区规划师能够以其专业能力以及第三方的身份，作为居民和政府之间的桥梁。

（3）打造了一个区校联动、社区共治的新平台

一方面，同济大学高水平、专业化的资源有效指导了杨浦区社区更新社区规划工作，保障了社区更新、社区规划工作的质量，也为提升街道和部门的专业能力起到了促进作用。另一方面，通过社区规划师这一区校联动的新平台，让规划师走出校园、走进社区，让高大上的设计图真正变成居民们乐于接受的实景实物，共同推动社区规划可持续发展。社区也为同济的老师作调研和课题提供了便利，大部分社区规划师都在其教学内容中增加了杨浦区实践的内容，使得专业知识在社区建设中经历了考验，实现在地化的转化，达到学校和区域的共赢发展。再者，社区规划师制度也为落实街道的规划参与权提供了保障。通过社区规划师制度，街道从原本的被征询方、区局工作的配合方，转变为项目的参与者和推动者，更完整、更深入地参与到社区规划、设计、建设和维护工作中。

4.2　工作思考

从杨浦区近两年短暂的实践中，我们认为社区微更新和社区规划师的工作，在社区自治上迈出了尝试性的一步，取得了一定的成效。

但在推进过程中，也显现出一些需要进一步协调和优化的问题。如怎样平衡居民绿化观赏、停车、游憩、锻炼等需求的多元性和复杂性？社区规划师多为高校教师，

日常工作繁忙，而到小区调研沟通时遇到的多为老人、孩子，如何拓宽与年轻人、上班族的交流渠道，收集他们的意见建议？专业的设计团队与街道工作者、小区居民怎样降低协商成本，促进高效沟通？随着第一批微更新试点项目陆续竣工，未来如何降低管理维护成本？如何保持改造后的面貌不被不合理使用和个别陋习破坏？2020年作为社区规划师制度实行的第三年，也是首任聘期的最后一年，如何保障社区规划师制度的可持续性，我们仍需要更多的实践、更多的思考来探求答案。

关于杨浦区社区规划师制度的下一步工作展望：一是要进一步理顺体制机制，完善社区规划师相关配套政策；二是要更好地利用这支社区规划师队伍，调动社区规划师的积极性；三是要逐步培养社区居民自我管理、自我服务的意识和能力，用好居民自治这根"绣花针"；四是要不断扩大社会影响力，加大宣传，使微更新和社区规划师的制度深入人心，让更多的社会力量和媒体参与到这项工作中来。这些工作需要各参与方进一步转变工作方式和角色定位，深入社区、扎根社区，共同参与社区营造，最终实现众智众创和共建共享。

参考文献

［1］上海市规划和国土资源管理局．上海市15分钟社区生活圈规划导则（试行），2016.

［2］上海市人民政府．上海市城市更新实施办法（沪府发［2015］20号），2015.

［3］杨浦区规划和土地管理局．杨浦区社区规划师制度实施办法（试行），2018.

［4］中共上海市委，上海市人民政府．上海市城市总体规划（2017—2035年），2018.

上海：嘉定区基于社区治理的"社区共营"制度设计与实践路径

徐晓菁

1 背景

社区作为社会治理的基础平台，已日益成为各种政策的落实点、各种利益的交汇点、各类组织的落脚点、各种矛盾的集聚点，也是创新社会治理的重要突破口。

习近平总书记在 2017 年 3 月 5 日参加全国"两会"上海代表团审议时提出，"走出一条符合超大城市特点和规律的社会治理新路子，是关系上海发展的大问题。要持续用力、不断深化，提升社会治理能力，增强社会发展活力"。同年 5 月，上海市第十一次党代会指出，创新社会治理、加强基层建设，核心要求是党建引领，把加强基层党的建设、巩固党的执政基础作为贯穿社会治理和基层建设的一条红线。这都为进一步加强和创新上海基层党建、推进基层社会治理现代化指明了方向，提供了遵循。

党的十九大报告提出，要打造共建共治共享的社会治理格局，因此，加强社区治理体系建设，推动社会治理重心向基层下移，发挥社会组织作用，实现政府治理和社会调节、居民自治良性互动，就成为现代城市社区建设的主要导向。自上海市委 2015 年发布"1 + 6"的"创新社会治理加强基层建设"政策体系以来，嘉定区紧紧围绕着"党建引领下的社会共治和社区自治"的核心精神，以"社区共营"为基本载体，把"社会各种力量和资源"整合在"社区共营"的体系当中，把社区治理作为主要创新空间。

嘉定区位于上海西北部，区域面积 463.55 平方公里，下辖 12 个街镇（3 个街道、7 个镇、1 个工业区、1 个新区），是上海经济较为发达的工业化郊区，是大都市近郊的快速城市化地带，是典型的人口流入型地区。嘉定区有国内唯一的 F1 赛车场，

作者简介：徐晓菁，上海市嘉定区地区工作办公室社区建设科科长。

它代表着嘉定的激情和速度；有保存最完好的县级孔庙，它代表着嘉定的文化；有800年历史的州桥老街，它代表着嘉定的历史底蕴；有上海最美图书馆之称的嘉定图书馆，它代表着嘉定的时尚；有国家级非物质文化遗产南翔小笼包，它代表着嘉定的味道。在这样一个既有速度，又有历史，还有文化，更有时尚的嘉定，如何呈现它的温度呢？2007年开始，嘉定区以全国首创的"睦邻点"建设推动嘉定熟人社会的发展，对于嘉定地区的城乡风貌与社区发展产生了极为明显的影响，睦邻活动的运作模式及其在长期的实验与实践过程中逐步发展出来的可持续机制，更是睦邻活动得以成功有效推行的关键。近年来，随着城市和产业升级，加上大量外来人口的快速涌入，嘉定区的产业结构、人口结构、社区类型等都发生了极大的变化，要求我们重新定位与认识所居住的社区，更好地应对并推进嘉定区的社区治理现实状况。正是在这样的背景下，嘉定区积极推动现代社区治理下的"社区共营"实践。

2 嘉定社区规划的发展历程

自2000年至今，嘉定区社区规划发展历程可分为三个阶段：第一阶段从2000年开始，注重社的硬性规划，理顺机制体制，夯实"三子"[①]建设；第二阶段从2007年开始，注重软性规划，开展睦邻建设，打造人与人之间的联结；第三阶段从2014年开始，注重社区韧性，推动"社区共营"实践，建构人与社区的关联。

2.1 硬性规划——基石工程的夯实

嘉定社区规划的发展历程，实际上也是上海城市化进程的一个缩影。2000～2007年，是嘉定区社区规划与治理创新发展的第一阶段。2000年，区委、区政府成立嘉定区地区管理办公室，标志着整个嘉定开始转向城市发展，也标志着嘉定从以经济建设为主的郊区农业村大区，开始转向聚焦经济建设和社会治理并重的现代城市治理结构。在起步阶段，嘉定区主要致力于夯实基础，理顺社区治理的体制和机制，制定社区规划等。这一阶段的社区规划主要以硬性规划为主，注重社区的基础建设。具体工作内容包括如下方面。

一是理顺工作机制，建立并完善区、街镇、社区三级治理结构，成立了社区建设工作领导小组及其办公室，进一步明确了三级工作职责。

二是完善社区公共配套设施规划。2005年，由区审改办委托嘉定区地区管理办公

---

① "三子"是指房子、班子和票子。房子指居委会办公活动用房，班子指社区党组织和居委会"两委"班子，票子指居委会办公活动经费和社区工作者薪酬待遇。

室按照上海市《城市居住地区和居住区公共服务设施设置标准》，对新建住宅小区的居委会、文化活动室、老年康体活动室、服务站和治安联防站等功能用房的规划配置进行审核把关，在此基础上不断完善社区公共服务设施建设，出台《上海市嘉定区人民政府批转区地区办关于进一步加强新建住宅小区公共服务设施配置的意见的通知》（嘉府发〔2005〕49号），明确规定社区公共设施的基本配置标准。截至2018年10月，嘉定区社区居委会办公活动用房平均面积为849平方米，确保社区拥有党政政策落地和公共服务的场所，以及自组织和居民活动空间。

三是保障社区经费和薪酬。从2003年起，每年的社区工作要点都明确规定居民区社区工作者的薪酬不低于上年度职工的平均工资水平，社区居委会工作经费和服务群众经费不少于25万元，同时，将其列入区委、区政府对街镇党政工作的绩效考核，确保社区有钱办事（例如确保水电费等支出，为活动人群提供友善的物理空间）。

四是推进专职队伍建设。2003年出台文件，与高校联合举办学习进修班，鼓励低学历社区工作者通过学历进修等形式提升知识水平。截至2018年10月，全区1897名居民区社区工作者拥有大专及以上学历的占比达84.45%，确保了社区工作者整体知识水平的提升，实现有人能办事、可办事。硬件规划推动社区内大量历史遗留问题得到解决，社区基础设施得到改进和完善，资金、人员和空间得到保障。

2.2　软件规划——社会资本的积累

2007～2014年，是嘉定区社区规划与治理创新发展的第二个阶段，以社区睦邻为重心，成功打造了"睦邻点"建设的社区治理品牌。"睦邻点"建设的初衷是通过社区睦邻空间的架设和社区活动的开展，尽可能地让社区居民相互之间熟悉起来，不断地积累社会资本，破解社区冷漠化、陌生化的社区治理难题。事实证明，嘉定区"睦邻点"建设成功地实现了对社区温度的提升，积累了社区自治有效运行所必要的社会资本资源，社区睦邻活动也从一开始的自娱自乐逐步转向了以社区公共事务为主的社区家园共建。

具体来说，"睦邻点"人员自由组合，内容自行设计，活动自行开展，通过地缘、业缘、趣缘和志缘形成了各类活动的团队，团队成员之间互帮互助，从生人变成熟人，人与人之间形成了联结，并不断完善小区层面的睦邻点和社团，为社区治理注入了大量的社会资本。通过持续的运作和推动，嘉定"睦邻点"也从最初的活动型向事务类转型。通过一年一度的"睦邻节"开幕式，带动居民与居民之间、社群与社群之间、社区与社区之间，以及社区与企业、街区之间的互动，让原本的"陌邻"成为"友邻"，催生了居民"向上、向和、向乐、向善、向美"和"相识、相知、相助、相亲"的精

图1　嘉定区丰富多彩的睦邻活动

神追求和价值取向。通过睦邻歌曲、睦邻徽标、睦邻微信公众号等载体，形成了凝聚社区居民的睦邻文化。先后逐步形成嘉定睦邻四级组织架构（"睦邻点""睦邻沙龙""睦邻会所""睦邻联盟"），打造了硬性、软性并重的睦邻文化，由生人社区向熟人社区推进，建构了良好的社会资本（图1）。

　　通过睦邻活动的开展，全区12个街镇结合自身特点，积极创设社区治理品牌，用品牌去凝聚社区共识，培育出"乐＋""We家行动""五众自治""阿拉一家人""客堂汇""老大人""三三0"课堂、"睦邻党建""楼组党建""五区一会""同心圆楼组""楼组微自治"等各色品牌，成为社区治理的重要载体。如嘉定新城（马陆镇）"We家行动"以镇管社区为基础，以"社区共治、居委自治"为核心，通过搭建社代会、共治委员会、自治联合会等多元主体参与平台，不断增强区域建设外在助力和内生动力，涌现出"V爱计划""家圆联合体""百事帮"等典型模式。徐行镇结合农村地区的特点，积极探索"客堂汇"农村社会服务管理新模式，将农家客堂间打造成为365天全天候开放的党员干部联系服务群众的窗口平台，成为村居民自觉参与农村社会事务管理的自治平台，成为汇聚民意、汇聚民智、汇聚民俗、汇聚民心的社区建设平台。

2.3　韧性规划——可持续发展的机制

　　从2014年开始，嘉定区社区规划与治理创新发展迈进第三个阶段，即"社区共营"实践。在嘉定推动睦邻自治过程中，社区居民之间的联系增加了，社区居民与居委之间的关系密切了，社区的温度和居民的家园感上升了。但与此同时，我们也逐渐发现，睦邻活动还只是一种社区自治建设初级阶段的"慢跑"。虽然睦邻活动有利于社区"熟起来""热起来"，但是还比较缺乏能让社区"动起来"的"快跑"能力。所以从2014年开始，嘉定区率先引入社区各方共同参与营造的"社区共营"理念，进一步升级社区治理版本，从自治走向共治。嘉定睦邻是"社区共营"的基础，"社区共营"

是嘉定睦邻的升级和深化。无论是睦邻自治建设，还是对睦邻自治升级的"社区共营"，都旨在通过有效的干预、引导和陪伴，实现社区和居民共同参与、共同解决社区治理中的难点问题，提升共同创造美好生活的自治能力，最终形成一种守望相助的社区生活共同体。与睦邻建设不同的是，"社区共营"不仅扩大了共营社区家园的成员圈（党组织、政府、各类组织、个体、企事业单位），而且引入了现代社区治理的各种工作方法和技术，致力于探索在睦邻社会资本基础上建构良性社区秩序。总而言之，"社区共营"主张一种共同参与、共同营造、共同享有的在地化社区创造实践，最终是为了实现社区居民对美好生活的向往。

发展至今，嘉定区"社区共营"经历了酝酿期、探索期、实验期和实践期四个阶段。

酝酿期（2014～2015年）：通过睦邻活动、睦邻开幕式的跨界合作、两岸社造交流和社区工作者培训等系列活动，酝酿出了"社区共营"的种子。

初探期（2015～2016年）：开启工作坊初阶培训"社区动力营造工作坊"，转变书记、主任、社工，尤其是社区居民骨干的理念。随着培训体系不断完善，启动社区自治项目试点并实施"挂职见学"计划，社区治理的创新路径逐步清晰。

实验期（2016～2017年）：形成人才培训体系，制定自治项目资金扶持办法，全面铺开自治项目。2017年全区各类自治项目达到116个，"社区共营"的架构体系初步建立。

实践期（2017年至今）：确立"社区共营"的定义，逐步推广"居委会3.0"改造，启动工作坊系列培训的进阶版"社区愿景规划师培训"，建立"社区共营"智库，出台系列配套政策和项目评估手册，编印社区自治指导丛书，举办"社区共营"嘉年华系列活动，"社区共营"体系得到不断健全与完善。

3　基于系统设计的嘉定"社区共营"模式

嘉定区紧紧围绕着党建引领下的社会共治和社区自治这一核心精神，以"党建嵌入式引领"为核心中轴制度体系，以"社区共营"为基本载体，把社会各种力量和资源整合在"社区共营"的体系当中，把社区治理作为主要创新空间。

3.1　嘉定"社区共营"的概念

嘉定"社区共营"是一个基于中国社会现代化和城市化快速发展所带来的生活空间不断变化，在城乡社会建设迅速开展基础上的社区生活共同体的生长和培育过程，是一个基层社会治理的各个主体互动、要素整合和制度互联的治理过程。具体而言，它是实现执政党在基层社会治理中的嵌入式引领的党建载体，是在民意科学表达基础上实现政府公共资源对社会资源撬动功能的管理平台，是重塑居民区内各类组织、个体、企事业单位的凝聚力的共同行动，是借助现代社区治理的各种工作方法和技术，实现共同参与、共同营造、共同享有的在地化实践，是达成居民美好、有序和有机生活的社会基础工程。

3.2 多维度"社区共营"体系

为了有效地鼓励、支持、引导社区居民共同参与解决社区治理中的突出问题和实现共性需求，嘉定区大胆探索，试点了党建嵌入、政府支撑、居民主体、社区协同的四位一体"社区共营"机制，为"社区共营"引领下的社区治理提供了有效的组织保障（图2）。

首先，党建嵌入支撑"社区共营"。通过社区书记主任"一肩挑"的体制设计、社区党员和在职党员的带头作用、区域化党建的活力注入、党建对"社区共营"的价值引领，嘉定"社区共营"获得了持续的动力支持。

其次，政府为"社区共营"提供有效支撑和支持。嘉定区地区办、各街镇持续地搭建"社区共营"的培训平台，培训指导社区居民转变观念、更新思路，实施更加有效的"社区共营"活动。区、镇两级政府为"社区共营"提供了有力的政策保障。例如，地区办通过参与新建商品房小区社区公共配套服务用房的审核工作，使得社区公共活动用房得到了有力保障。嘉定区还推出了"社区共营"自治项目，对于居民参与共同解决社区治理问题的"社区共营"自治项目予以资金扶持，街镇也给予一定的扶持资金，对以"社区共营"理念解决社区治理问题的社区给予一定的荣誉奖励和宣传推介工作，持续激发基层动力。

其三，居民主体是"社区共营"体制的核心。"社区共营"的关键是发动居民和居民作为主体的参与过程。在整个过程中，注重将社区党员、社区骨干、社区达人和

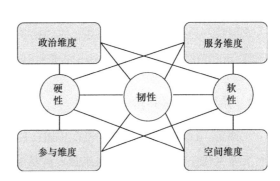

图2 多维度"社区共营"架构

普通居民发动和纳入进来，一起设想规划和实施"社区共营"项目，政府介入而不替代，陪伴而不干扰。

其四，社区协同是"社区共营"的关键。在推动"社区共营"引领的社区自治能力建设中，坚持"开门式工作法"，主动积极学习外区、外市、外国经验，通过购买服务引入"第三方"社会组织辅导"社区共营"项目开展，积极联系相关领域专家陪伴"社区共营"项目，以问题的解决来激发社区的驻区单位、共建单位主动提供资源和智力支持。

"社区共营"在自上而下的政府管理和自下而上的社区自治中发挥有效粘合作用，通过五年的实践探索，嘉定区初步形成了一套多维度的社区规划与社区治理工作体系，即围绕硬性、软性、韧性三个面向，以及党建引领、政府撬动、社区参与、空间改造四个维度，系统性推进"社区共营"实践。特别在现有的硬性（制度、规范、需求等）和软性（活动、资金等）运营基础上，更加注重社会韧性的发展空间，即党建通过韧性嵌入社区治理中，政府通过韧性做好资源的撬动，社区通过韧性实现自我成长——体现出嘉定"社区共营"的特征即强调硬性和软性发展，注重韧性连结。

"社区共营"的核心是增强社会的韧性。社会韧性是社区自治的根本，需要相关主体共同营造，制定社团、楼道、小区的各类规范，来解决社区治理中的矛盾。通过党建结构的功能性重塑、邻里街区的共同体交往、社区空间的参与式规划、社区陪伴的共营之路，实现参与式共建的嘉定"社区共营"过程。通过区域党建资源的整合、街区社区委员会的功能发挥、社区专业委员会的载体链接、社会组织的专业性辅助，完善协商式共治的嘉定社区内生结构。打造卓越城市品牌的营造基准，来达成居民守望相助的基本生活空间，达成有序的社群共享交往空间，推动"共商"和"共治"达成"共有"，催生整体性共享的现代社区共同体生长。

3.3 持续进阶的社区规划实施机制

社区工作中常常收到广大居民对于居住小区生活空间的各种微言，如小区内宠物活动扰民、楼道内堆物影响通行、缺少室外交流聊天的地方等。为此，政府投入了大量的资金，安装睦邻椅，提供居民交流场地，为养宠人士设置"宠物便便箱"，力求做到"民有所需，我有所应"。但很多时候的实际情况是，设计师规划和提供了看似理想的公共空间，但其在后续使用过程中往往事与愿违，遭遇冷落而闲置，居民却仍然反映缺空间、缺设施。与此同时，还有大量居民自发性的聚集活动发生在拥挤、隐蔽或是本不属于这类活动的公共空间，它们并没有自上而下的组织性，却保持着独有的活力。问题究竟出在哪里？

我们认识到，这不是仅从空间供给就能简单解决的问题，而需要从硬性、软性规划向韧性规划的持续推进和深化。体现在实施机制上，需建立并贯彻一套"动力营造—愿景规划—共营行动"持续进阶的"社区共营"参与式工作坊培训制度。具体工作步骤如下。

一是建立社区规划核心工作组。寻求社会组织、社区自组织、相关行政部门或是赞助支持方的代表，建立初期的工作组织，其目的在于建立理念、核心价值与工作目标。进而拟定初步的工作方案，以提供下阶段的讨论。建构核心工作组是整合社区现有资源的有效做法，其成员主要由社区党组织书记、居委会成员以及物业企业、小区业委会、小区内组织，以及有生活特长或社会资源的热心居民组成，形成一个有共同情感连结、有共同目标的团队。经过小组工作坊的学习，建立核心工作组的工作宗旨和目的，进而形成短、中、长期发展的目标。这也是嘉定区推动社区愿景规划最重要的一环——人的营造。

二是召开社区居民会议。在研究制定初步的操作方案后，可通过公共参与的程序，动员社区居民共同参与交流、讨论与确立工作的价值、理念、目标与后续的工作模式，或通过会议过程集思广益，发掘新的规划课题和热心公共事务的社区能人。大部分居民已经习惯于以往单位制的生活空间，习惯于别人来改变，如何让居民通过自身的生活路径出发，共同发现问题并参与改变——这是动力营造的根本出发点。其目标在于促进居民对自己生活空间的进一步了解，认同社区规划的理念并达成共识，对生活空间进行观察和记录，开展社区资源发掘和问题指认，提出生活化改善议题与路演构想，从日常生活的点滴出发，在持续反复的观察、思考与交流中不断完善（图 3）。居民会议是社区干预的一种有效手段。通过寻求共性需求、以化整为零的方式，以楼组和社群为单位，小组讨论并形成共同的规划方案，基于反复交流互动，达成彼此之间的理解和共识，逐步建构形成社区共同的生活价值目标，形成小区居民愿意执行的工作模

图 3　居民开展环境认知的结构示意图
（图片来源：王本壮绘制）

式。在实施中，宜从兴趣需求出发，需要注重每个人的知识背景和价值理念，形塑大家彼此认可的课题，形成可持续推动的自治项目。

三是引入专业辅导团队。依据讨论达成共识的工作方案，寻求相关的专业社会组织、高校专家学者，或是企业组织顾问的协助，有效提升工作方案的可执行性与成果效益。专业助力是社区生活品质提升的有效载体。一方面，小区居民往往从生活的实际需求出发，但往往也会一百人就有一百零一个意见和需求。通过前期社区协商，可以逐步达成一致的意见，但由于知识局限和现状限制，规划方案容易局限为现有生活模式的翻版，难以大幅提升生活品质；另一方面，专业团队的设计方案又往往缺少"烟火气息"。嘉定区通过专业团队的协力、社区生活群体的参与，以及社会力量的介入，共同建立社区规划的核心推动团队，使得规划既有人间烟火味，又有生活品质。陆巷社区蔷薇巷 88 号小花园的改造，就是一个专业协力提升生活品质的极为生动鲜活的案例。

四是规划方案实施运作。具体制定社区规划行动方案，包含阶段性目标、工作项目、人力配置、执行策略、操作方法和步骤、经费需求，以及预期成果。同时在执行方案的过程中，广泛纳入各方意见，持续进行讨论并反馈修正。规划实施是居民获得成就感、归属感的有效路径，也是一个从长期目标开始，通过层层分解，落实为可操作、可落地的具体目标和实施行动的过程。例如，一开始围绕生活路径开展需求问题和社区资源调查，依据社区现状从硬性、软性和韧性三方面进行思考，确立长期目标，并在其基础上形成中期规划，再细化为短期实施方案。从阶段性需求出发，寻求社区景观改造、垃圾分类、亲子活动等需求的突破口，通过社区兴趣团队和楼组等小范围的意见征询和反复修正，最终确定实施行动。操作实施中，形成阶段性目标，从人人可以参与改造的一些切入点入手，挖掘社区既有资源进行优化整合，同时寻求外部资源的连结，在规划实施过程中不断进行修正。

五是进行持续运营共治工作。规划方案完成后，更重要的是如何能在长期的社区生活中持续发挥最大效能。这就需要用共治的理念持续推进，并对社区不断发展变化的需求和问题及时调整。最好是以社区为主体的模式进行，专业人士主要以旁观协助的角色，进行适时的引导和提供咨询。

六是成果的汇整记录与宣传。为了扩大相关项目工作的成果效益与后续的应用，对过程中所收集或记录的各项实体文件或影音纪录，进行适当的分类建档与数字化，并择要发布出版，以扩散项目实施效益。此外，也可以通过公开展示让更多的社区成员了解并提供参考，有助于扩大项目的认知度、影响力和参与性，持续收集各方反馈意见与建议。

回顾嘉定区这些年社区规划的推动历程，既有理念的输入，又有实操的体验，逐步形成了进阶式的社区可执行的操作模式。第一阶，推进社区各方对社区治理的理念认识，帮助社区工作者、居民骨干建立社区生活共同体的意识；第二阶，侧重目标建构，帮助社区工作者和居民骨干学会如何塑造以生活美学为主轴的目标设计；第三阶，帮助社区工作者和居民骨干学习如何实际操作项目执行；第四阶，对部分社区开展专业机构介入辅导的社区规划，协助优化计划并开展提案实践，全年持续推进，进而吸引更多的居民参与和关注社区规划，培育社区自组织；第五阶，通过引入专业机构进驻社区，陪伴居民的自我成长，逐步形成一些关注社区发展的功能型社区自组织力量，建立自组织的规约并遵守，以其为主力形成在地化的社区愿景规划师团队，推动社区更新和提升。

鉴于社区规划必须有长期投入社区持续运作的承诺，让社区居民能够从自己的生活路径出发，对社区生活环境尽一份心力，同时通过社区规划来解决社区治理中的各类问题和需求，让每一个参与的居民从体验参与中学习生活技能。嘉定区通常的做法是从想法产生感觉开始，再让感觉产生行动，进而使行动产生结果。尤其是关系到社区公共空间环境议题时，让社区居民可以从个人的一个想法开始萌芽，再逐步凝聚共识，进行社群意识和行动，进而共同完成在地实践的梦想。基于这样的基础，嘉定区在社区规划师的制度和支撑路径下的实践案例又是怎样的呢？

4 实践案例：陆巷社区"蔷薇巷"更新与自治项目

4.1 组建核心工作团队

陆巷社区伴随城市更新过程建设成形，属于动迁家庭组建而成的农民集中居住小区，常住居民多为老人和外来流动人口，"老龄人口""社区融合"等议题在社区治理过程中尤其突出，亟待关注。

但换而以"优势视角"看待陆巷社区，原本"问题视角"下的社区变迁、人口结构、社区治理等问题都可转化成优势。基于"以资产为本"的社区发展模式，陆巷社区中拥有丰富的土壤环境，人际交往以传统社会的熟人制为主导，老年人口居多因此居住人群拥有大量时间和精力等，这些都是极为珍贵的社区资产。

随着嘉定社区共营工作的不断推进，经过居民愿景规划师的系列培训，在社区居委会的大力支持下，居民参与意愿和程度不断提升，社区自组织逐步形成，居民与居民之间、居民与社区之间、居民与多方力量之间均产生了良好的人际交往，在陆巷社区逐步衍生出以"蔷薇花"为主题的一系列居民自治活动和日益丰富的社区交互网络。

社区规划的核心工作团队逐渐建立并持续运作，无论是在景观改造还是自治队伍建设方面都取得了一定成效。但在社区规划的实际运行中，团队工作中碰到瓶颈，由于专业力量不足，规划始终受限和停滞于现有的认知水平和能力，寻求外部专业化支持的共识逐步突显。

4.2 开展参与式设计工作坊

应对上述需求，2019 年 4 月陆巷社区举办了参与式设计工作坊，以政府主导、学者参与、居民共创的形式，旨在展示陆巷社区居民自治成果，加强协商共治力度，提升居民专业技能。通过公开招募，召集到了两岸各地致力于社区治理领域，具有城市规划、景观设计等背景的高校师生，与社区居民一起，开展了为期一周的设计工作坊。工作坊成员们驻扎社区，通过实地的社区调研、与在地居民直接交流，从"点""线""面"三个层面对陆巷社区进行规划设计，具体体现为"具体点位的社区花园更新""社区道路景观提升""社区总体规划"三个议题。

从"点"的角度，主要是针对陆巷社区中由居民自主参与设计的"88 号小花园"进行设计优化。工作坊成员们在了解"88 号小花园"的建造初衷、居民需求和自治过程后，对现有的花园提出微更新方案，满足居民尚未达成的休憩交流、遮阴、亲水等需求。同时结合自身专业背景，对于居民自主设计时未考虑到的功能区布局、植物配置等问题进行完善。由此，在居民自主设计的基础上，加以专业化的引导和知识支持，激起了陆巷当地居民对于"88 号小花园"进一步的优化思考。

第二组负责对陆巷社区道路及其周边设施的"线性"空间制定更新提升策略，具体涉及 225 弄的主干道，及其沿线的大门、居委会建筑、垃圾分类点位、"88 号小花园"周边景致、彩虹大道、街角绿化等不同区块。设计基于整体性思路，注重线性空间各空间元素之间的协调与互动，同时又从不同视角提供了多个特色化方案，为居民后续积极参与讨论提供了极富吸引力的愿景蓝图（图 4）。

提升策略的实施需要持续性的工作设计，工作坊特别从整体"面"的角度拟定了一份"三年社区规划"，每一年为一个阶段，从社区生态、居住环境和邻里交往等维度提出未来可持续发展的策略，展现出大家对于逐步推进、有效深化居民参与和社区治理活动的思考（表 1）。

整个参与式工作坊的过程，为集体性在地创作提供了绝好的碰撞与交流的机会，高校师生在与社区的互动中增进了在地化知识的认知与社会学习的能力，社区成员则在愿景实践的再创造过程中实现了对空间认知、审美和设计能力的提升，为后续的社区自治和社区可持续发展奠定了良好的空间支持和共识基础。

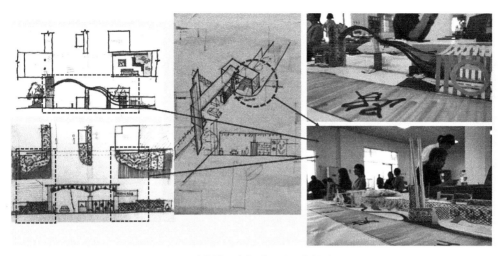

图4　陆巷社区参与式设计工作坊成果

（图片来源：陆巷社区参与式设计工作坊学员）

陆巷社区"三年社区规划"工作计划　　　　　　　　　　　　表1

阶段	生态可持续	宜居社区	友善社区
第一年	项目宣传 雨水储留 花园参与招募 花园场地整理 支路多样性植栽 共同营造	公共基础设施增设点征询 可利用材料征集 共同营造 屏障计划招募、育苗 停车项目征询 慢行休憩点确定	项目宣传 共居社区需求征集 庭院交流项目征集
第二年	农园开放登记 农园单位分配 农园种植 蔷薇节分支主题活动	定期组织设施共同修整活动 屏障计划造林、初期虫害防治 停车改造试点 慢行小道共同营造	共居社区共享活动展开 庭院分项项目试点
第三年	农物交换活动组织 社区秋季收获节	定期组织设施共同修整活动 竹林收获分享互动 停车项目推行	共居社区互助活动展开 庭院分项项目推行 社区秋季收获节

（资料来源：陆巷社区参与式设计工作坊学员）

社区治理需要经年累月的深耕，本次参与式工作坊在陆巷社区治理的长河中虽然微小，却是重要的基础环节。工作坊中形成的设计创意、规划理念，乃至其多元参与的形式都将成为陆巷社区治理过程中不可缺失的元素。或许将来也会有一天，陆巷社区的居民如同怀念儿时才能见到的茅草，当谈及曾经开展的社区工作坊活动时，也能回忆起当时参与自治的快乐。

4.3　培育和推进社区自治项目

基于核心工作团队的大力推进，参与式工作坊奠定的空间骨架和规划思路使社区活力进一步得到激发。在居委会的组织引导下，陆巷社区成立了"蔷薇巷"自治委员会，通过召开户组长、志愿者、居民代表会议，推选出有威信、有能力的人员成为委员会成员，从而明确核心骨干组织架构，有助于理清职责、系统化运作。以社区主干道为轴，围绕两侧公共空间逐步展开，涌现出一批各具特色的"蔷薇巷"自治项目。

（1）"88号小花园"管理机制的建立

"88号小花园"作为225弄居民观赏休憩、儿童嬉戏及锻炼身体的重要场所，原有粗放的管理模式急需进一步改进完善。社区通过公开招募的方式，成立了一支"花园管家"团队，专门负责小花园的日常养护和精细化管理。

（2）首届地景艺术节的举办

为了进一步巩固和分享社区共营在地化实践的成果，陆巷社区居民自发举办了首届蔷薇地景艺术节。艺术节共展出中大型景观20多处，每一处景观都是居民们通过不断学习生活美学而亲手打造的，凝聚着居民们的匠心考究，彰显出朴实农民的生活智慧和心灵手巧。而且每处景观都有不同趣味，或是让人眼前一亮，或是让人勾起儿时的回忆，或是因地制宜地留存了文化内涵，让农民社区变迁的记忆"活"起来，乡愁得以延续——充分体现了艺术来源于生活而高于生活。蔷薇地景艺术节的举办，见证了"蔷薇巷"项目给居民们带来的改变，也让大家看到了农民集中区的新景象和环境特色，同时感受到了农村生活品位的提升以及人们对美好生活的向往。

（3）"蔷薇巷"衍生产品的开发

要实现"蔷薇巷"项目的可持续发展，需要由"外界输血式"发展转变成"自我造血式"发展。一种可能的途径就是实现项目衍生产品的产出，进而建立产业链。基于此，居民们提出了开设"蔷薇课堂"的设想，根据居民的实际需求，围绕"蔷薇巷"主题开展蔷薇衍生产品的开发，如蔷薇茶包、点心、永生花相关产品、鲜花滴胶制品、香包等，可通过义卖、展示、教学等方式进一步推广和宣传"蔷薇巷"项目。同时，居民们经常一起做做手工，既能增进感情，又能陶冶情操。尤其很多外来媳妇，都是通过做手工跟本地居民们熟络起来的。

4.4 项目推广与成效

"蔷薇巷"自治项目通过试点开展、全程记录、广泛宣传（图5），逐步实现了项目成果的稳步积累和影响推广，在以下五个方面体现出良好效益。

（1）影响力

通过各种活动与课程，居民充分认识到自己是社区的一份子，实现了凝聚居民力量，发掘居民潜力。特别是从改善社区环境入手，最终指向改变居民"自扫门前雪"

2019 年 __陆巷__ 社区自治项目推动记录表

自治项目名称：_____蔷薇巷_____ 本次参与人数统计：__15__ 人

日期：__2019_年_3_月_15__日

一、活动主题与内容
1、活动或会议主题：格桑花海播种
2、活动或会议目的：225 弄跑道中央格桑花海

二、过程中简要记录
1、由居民分工合作，播种容易存活，花期长的格桑花。

三、活动效益或会议决议
1、3000 平米的空地一个上午全部播种完毕，预期从播种到开花约需要两个月左右时间。
2、50 天后格桑花海如期而至，成为了社区的网红的打卡点。

四、照相记录（每次至少 4 张，注意特写跟清晰度）

分发花籽

准备播撒

用登山绳划分"责任田"

按照分好的区块播种花籽

图 5 陆巷社区自制项目推动记录（一）

（图片来源：陆巷社区提供）

2019年__陆巷_社区自治项目推动记录表

自治项目名称：_____蔷薇巷_____　　　　本次参与人数统计：_33_ 人

日期：_2019__年_4__月_24__日

一、活动主题与内容
1、活动或会议主题：蔷薇地景艺术节前期准备
2、活动或会议目的：蔷薇地景艺术节大型地景粮围制作以及系列地景艺术节前期准备

二、过程中简要记录
1、居民动手制作大型地景粮围
2、地景艺术节相关材料准备

三、活动效益或会议决议
1、大型地景粮围制作完成
2、地景艺术节相关材料准备，居民参与部分基本完成

四、照相记录（每次至少4张，注意特写照清晰度）

运送粮围雏形	运送粮围雏形

居民亲手制作粮围	居民亲手制作粮围

图5　陆巷社区自制项目推动记录（二）

（图片来源：陆巷社区提供）

的根深蒂固的传统观念，让自治理念在居民心中生根发芽。在225弄作为试点取得一定的成果之后，801弄和650弄居民也积极主动加入骨干队伍，"蔷薇巷"项目的影响力日益扩散，为进一步激发社区活力和解决治理问题打下坚实基础。

（2）参与力

以225弄为试点，呼吁居民参加种植蔷薇代替乱种植取得一定进展的前提下，发挥居民才能，积极宣传，吸引更多的人来参加"蔷薇巷"项目，让项目从225弄走出去。随着"百千万行动讲师训练营"的启动，每个社区都有了个性化的自治方案作为"蔷薇巷"的子项，能够让更多的居民发挥才智，参与其中。

（3）执行力

通过居民共同参与协商而发展起来的"蔷薇巷"自治项目，已经开展到第三个年头，逐步形成了相对成熟的骨干队伍，通过发动骨干成员积极参与"社区愿景规划师培训""百千万行动讲师训练营"等培训和陪伴课程，夯实理论基础，让每一次的行动更有效率，能更有效地实现项目。

（4）创意力

"蔷薇巷"自治项目是在居民充分参与协商的基础上制定的，具有想象力，又富有创造力，为每个居民提供描绘和实践社区美好蓝图的空间和平台。

（5）持续力

"蔷薇巷"自治项目既应对了居民种植和更多创意的需求，又实现了社区环境美观，更通过参与提升了居民对社区的认同感和归属感，有助于可持续推进。

5 嘉定社区规划的阶段性成果

（1）社区党建引领嵌入治理，社区凝聚力更强

嘉定区社区规划通过稳步推进社区党建联建平台建设，拧紧多元共治链条，形成共治资源和需求的精准对接机制，为自下而上的公共议题形成提供制度化保障。总结"社区共营"的实践，一方面有效引导社会力量参与社区协同发展，以共建联动为纽带，组织动员党政机关、企业、社会组织、机构等主体参与社区治理难题化解，推动共治与自治的有效对接；另一方面有效发挥党组织在社区治理各项工作的嵌入作用，有序引导社区内的各类组织和居民，参与社区内的文化建设、环境治理、空间更新、小区安全等治理议题，共同解决社区难点、热点和痛点问题，社区的凝聚力更强了。

（2）社区主动参与机制初步形成，居民获得感更强

在"社区共营"理念的指引下，居民的自治热情得到充分激发，居民由作为"台

下观众"的旁观者转变成作为"台上演员"的积极行动者。居民自愿、自发参与社区动力营造培训，参与社区自治项目，参与公共事务讨论。在动力营造工作坊培训和社区愿景规划师培训中，形成了"1＋3＋N"核心团队构成方案，其中"1"是社区党组织，"3"是居委会、物业公司、业委会负责人，"N"是社区居民、自组织负责人、辖区单位、商家等，大家共同投入自己生活空间的改造行动中，全程参与项目设计、制作模型、路演展示，一改以往事不关己"坐等靠"的被动状态。通过社区参与社区自治项目的实施，逐步实现了"从一个人变成一群人，从一群人带动整个小区"的转变，邻里感情加深了，社区变美了，居民的想法实现了，居民获得感也更强了。

（3）社区可持续治理机制初见成效，社区归属感更强

在"社区共营"理念的带动下，更多的政府部门、社会企业、组织机构的人员，主动参与社区开展的文娱活动、环境治理、创城迎检、协商决策等"社区日"互动活动。一大批围绕区委、区政府中心工作，涉及公共安全、环境治理、矛盾化解、顽症整治等社区"老大难"问题的自治项目相继产生。聚焦动迁小区、水产村等特殊背景形成的竹篱药园"花园新景""老物件展览馆""老渔村""老村口"等项目，留住了村转居民的乡土情；老旧小区因地制宜设计的"美丽楼道""街角花园""微景观改造"等项目，使老旧小区旧貌换新颜；此外还有聚焦毁绿占绿的"BU计划""绿色基金"，聚焦河道整治的"河畔新景"，聚焦绿色环保的"都市农园""开心农场"，聚焦安全防范的"安居乐源三道门"，聚焦楼道整治的"社商联盟"，沿居商铺扰民衍生的商居互动"悦商湾"，聚焦新市民融入的"名城荟"，聚焦传承武术文化的"悦武行"等项目，带动了环境的改变，也带来了居民的转变，长期的上访户成了积极参与者，社区"隐形人"成了自组织的负责人。居民共同面对小区突出问题，共同参与社区公共议题的协商讨论，共同解决各类生活问题和公共事务，共同提升社区的生活品质，居民对社区的归属感更强了。

（4）社区制度化公共规约初步建立，社区认同感更强

通过建立常态化议事协商机制，居民依托社区联席会、社区理事会、项目分享会、楼组议事会等协商议事平台，围绕社区安全、物业管理、违法建筑、违法经营、生态绿化等社区治理的瓶颈问题，共商共议共同解决，"有事好商量，众人的事情由众人商量"已经成为常态，形成了制度化社区公共规约体系，睦邻活动有规矩、社群组织有制度、公共空间有公约、居民自治有章程、社区秩序有规范，遵章守纪、自觉维护成为居民共同遵守的行为准则。进而促进了社区自组织的转型，"集市议事会""商圈联盟""楼道监督委员会""消防委员会""楼组议事会"等社区自组织逐步从活动型向功能型转变，主动参与社区公共事务，引导居民重塑社会秩序。如沁乐社区在垃

坂分类中，通过共营理念的传播，居民建立自我约束机制，主动提出取消垃圾点位志愿者，实现无人监督的自觉行为。

6 结语

嘉定区的"社区共营"实践，核心的经验就是坚持党建引领社会共治和社区自治。通过社区党建引领的制度化，以协商民主作为党的基层执政的实现方式，让协商程序整合民意，引进科学方法和程序，撬动社区社会资源，聚焦社区治理难题。既注重自上而下的建章立制，又鼓励自下而上的"居规民约"，形成"强化制度引领—顶层设计规章—基层创设民约—上下联动协商—规范社区监管—提升治理能力"的整体性制度体系。

同时，通过"社区共营"实践，嘉定区搭建了"党建—政府—社会—企业—居民"的五方民主协商协同治理新机制，有效落实十九大报告提出的"坚持党的领导、坚持人民当家作主、坚持依法治国"三者的有机、有序和有效统一，实现社会主义政治发展的统一性、持续性和先进性。

参考文献

［1］李友梅. 新中国社会治理现代化,如何解决"秩序与活力"的平衡问题［EB/OL］.
　　［2019-10-14］. http：//m.jfdaily.com/news/detail?id=181292.

［2］刘佳燕，王天夫. 社区规划的社会实践：参与式城市更新及社区再造［M］. 北京：中国建筑工业出版社，2019.

［3］中共上海市委，上海市人民政府. 关于进一步创新社会治理加强基层建设的意见，2015.

［4］唐亚林，陈水生. 社区营造与治理创新（复旦城市治理评论）［M］. 上海：上海人民出版社，2019.

武汉：组织模式视角下的社区规划师制度探索

郭　炎　张露予　李志刚

　　武汉市的社区微改造以武昌区先行。2017 年启动以来，这项工作已在中心城区普遍推开，但尚未建立明确的社区微改造、社区规划和社区规划师的相关制度。各区仍处在多样化的探索阶段。我们在武汉属于首创团队，承担了武昌和江汉两个区八个社区的试点改造规划，起草了武汉市首份社区规划指导文件《武昌区社区规划编制指引》。其中，武昌区"华锦社区"作为武汉的首个试点项目，自 2018 年完工以来，获得 80 余次国内外参访；江汉区新华街取水楼社区的登月片成为湖北省住建厅"美好家园缔造活动"的首个试点，循礼社区的改造规划也在武汉市"老旧社区微改造项目优秀方案评选"中获得了最佳方案奖。本文是我们以社区微改造一线实践者的身份，对武汉市探索社区规划师^①制度的经验总结。

1　武汉社区改造的背景

1.1　宏观政策背景：推进"微改造"与"微治理"

　　长期以来，我国城市建设以增量扩张为主要形式，忽略了对中心城区存量空间的优化：一方面，按早期标准建设的大量老旧小区，面临建筑老化、环境衰退、交通拥

作者简介：郭炎，武汉大学城市设计学院/湖北人居环境工程技术研究中心副教授；
　　　　　张露予，武汉大学城市设计学院硕士研究生；
　　　　　李志刚，武汉大学城市设计学院/湖北人居环境工程技术研究中心教授。

①　全国范围内，社区规划师还未有明确的定义。各地称呼和所代表的群体都不同。我们在武汉的实践中，将来自于社区、参与规划过程、得到培训，进而具备初步规划素养的社区居民称为社区规划师。为统一标准、以便对话，本文采取广义的定义，即社区规划师包括提供规划、设计专业知识的专业规划师、居民规划师和参与规划设计的社会组织，等同于规划"众创组"。

堵和配套不足等问题，越来越难以满足居民日益增长的对美好生活的需求；另一方面，随着居住环境衰退，老旧小区的房屋租住比增加，人员构成日益复杂，早期的熟人关系逐渐淡化，社会资本不断丧失。因此，基于"集体行动"的社区自主管理能力越来越弱。这些小区，不断上演着"公地悲剧"，陷入品质衰退的"内卷化"。

随着21世纪初我国"存量改造"时代的开启，老旧小区的"逆周期"提升逐渐成为国家政策关注的焦点，主要体现在两个维度。① 品质提升的维度。在以往"拆除重建"的"大改造"基础上，政策逐渐引入"保留整治"的"微改造"。2016年，住建部提出"生态修复、城市修补"。2018年，习近平总书记在广东提出"城市规划……要更多采取'微改造'这种绣花功夫，让城市留下记忆"。2019年，李克强总理在国务院常务会议中更是将老旧小区改造定性为具有经济拉动作用的民生工程，指出"要做好这篇文章"。② 治理能力建设的维度。自十八届四中全会以来，国家治理体系和治理能力的现代化建设不断升格为新时代的国家战略任务，强调以基层"微治理"能力提升为抓手，补社会治理的短板。如党的十九次全国代表大会提出"要打造共建、共治、共享的社会治理格局"。习总书记在中央城市工作会议上提出"以人民为中心"的城市治理观，要坚持"人民城市为人民"。社区作为我国基本社会单元，在实现上述战略任务上被赋予了重要使命。"微改造"与"微治理"的国家战略是老旧社区改造的宏观背景。

1.2 武汉在地需求：融合"微改造"与"微治理"

老旧小区的品质提升一直是武汉市关注的民生工程。早在21世纪初，武汉便推行了"883计划"，即用三年时间，通过政府投入，对中心城区883个老旧社区进行翻新，将其建设成人民安居乐业的和谐家园。该计划的实施改善了小区的形象，但单一的、自上而下的供给忽略了自下而上的诉求，结果是建设焕新容易，维护难以持续。从该计划实施完毕的2008年至今，建设成果已基本被"淹没"。如今，居民更是将其定性为"形象工程"。"十三五"期间，武汉市推行"幸福社区"创建，拟启动1700万平方米老旧小区建筑的整治提升。然而，按传统的、工程项目的方式实施两年后，推进效果并不理想：对政府而言，只有投入没有"回报"；对社区基层而言，居民诉求没有得到倾听，担心重蹈"883计划"的覆辙，"好心办坏事"。市、区各个层面开始反思传统改造方式。

武昌区作为全国第二批社区治理和服务创新实验区[①]，率先意识到传统老旧小

[①] 在实验区的创建中，武昌区通过理顺职能关系，推进了"区、街道和社区"治理综合配套体系的改革；通过行政管理体系优化和社会工作体系建构，基本实现了党委领导、政府负责、社会协同、公众参与、法制保障的多元社区治理格局，形成了基层社会整体性治理的体系框架，为社区治理能力和服务水平的提升作好了顶层制度设计。

区改造模式和深化社区治理能力创建中的问题：① 居民在推进社区建设与管理中的主体性不够，居民参与的广泛性和积极性不强，参与式社会动员的系统性不健全，因此，深度推进治理能力和服务水平的提升，仍需在机制上予以完善，需要从微观尺度探索治理模式；② 传统的改造模式与满足人民的本体性、多样性需求间不匹配，政府单一投入的反复性、滞后性、有限性、局部性，与老旧小区品质提升工作的艰巨性、迫切性、长期性、广泛性不匹配，重投入、轻管理的社区建设模式与社区品质持续提升的必要性间不匹配。为适应时代要求和百姓需求，武昌区首当其冲，提出从微观尺度着手，通过更具人本意义的老旧小区改造，探索基层社会治理能力与社区品质互促增进的模式与经验，最终提升居民幸福感、归属感和获得感。

2 武汉社区规划的初心："微规划"引领"微改造"与"微治理"

2.1 规划的范式转型：迈向协商型的过程规划

传统的城市规划以展现精英意志为主，是对终极蓝图的描绘，如同"白纸上作画"，主要服务于政府主导的城市建设。以这类规划指导的老旧小区改造，结果要么是规划方案无效、难以实施，要么是规划实施后的低效利益、低效维护。存量改造的三个特性决定了规划范式的三个转向[①]：① 对象不再是白纸，而是建成环境，因此，社区规划必然是对微小空间的修补；② 建成环境背后是大量既得利益，需求因人而异，因此，社区规划应是化解分歧、凝聚共识的过程规划；③ 共识的形成有赖于群体间的互动协商。因此，社区规划应强调利益协商的平台作用，力求形成融合政府自上而下的意志和居民自下而上的诉求，同时符合规划与建设等专业规范的方案[②]。

因此，社区规划的初心可理解为："微规划"引领"微改造"与"微治理"，推动"三微融合"；以规划为协商平台，着眼于社区全局，聚焦小微空间的品质提升，编制改造方案；在规划编制与实施过程中，以点代面地挖掘社区能人，通过多方参与促进互信，以互信增进紧密的社会关系，培育社区可持续优化的内生动力[③]；通过重点项目建设和先导群体的参与，逐渐以"小微"促"全局"，壮大社群组织，推动社区全面自主地更新、维护与管理，助力实现社区共建、共治、共享的目标。简单讲主要包括有两点：一是以居民意愿为本编制的方案要能实施；二是要使后续建设、建后管

---

① 刘达，郭炎，祝莹，李志刚. 集体行动视角下的社区规划辨析与实践［J］. 规划师，2018，34（2）：42–47.

② 林赛南，蕊刚，郭炎，刘达. 走向社会治理的规划转型与重构［J］. 规划师，2019，35（1）：25–31.

③ 张庭伟. 社会资本、社区规划及公众参与［J］. 城市规划，1999（10）：23–26.

理与社区营造相结合，培育社区自组织能力。

2.2 范式转型中的社区规划师：行动理念、方法认知与知识素养

社区规划代表着范式转型，也对从事此类规划实践的规划师们提出了新的要求，主要表现在以下三个方面。

首先，是行动理念的创新。① 转变传统理念：不再求大，但求精；不求精英意志下的最优方案，但求满足最大公约数的可能"次优"的方案；不求规划"墙上挂挂"，但求方案可实施。② 有治理的理念：除空间规划设计这一传统核心工作之外，规划师还需要将社会关系作为重要对象，力求空间方案与社会关系增进的统一。③ 有营造的理念：营造是过程性的，不应期待"一蹴而就"。因此，规划方案需兼顾刚性与弹性，对于需要统一投资建设的"骨架"性内容予以刚性安排；对于需要居民参与、逐步添置的小品装饰等"丰富"性内容予以弹性引导。规划师应参与到这两部分内容的设计与实施中，提供专业建议。一语概之，规划师要本着"美好社区、共同缔造"的理念，参与到规划编制与实施的各个环节，发挥主次有别的作用[①]。

其次，是方法认知的创新。匹配范式转型与理念更新，社区规划实践的路径与方法也要相应转变。各阶段过程需要采取的方法具体如下：① 搭建工作坊，与街道和社区沟通工作计划，明确工作坊的成员构成、驻地和工作机制，寻求基层政府的共识，启动工作计划；② 组织"发现社区"系列活动，包括实地踏勘、集中座谈、一对一访谈、问卷调查、调研成果交流等过程和方法，以便寻求现状问题认知、改进方向上的共识；③ 开展"联合设计"系列活动，包括改造项目区块对接、多轮联合设计、方案编制、方案公众征询等过程和方法，以形成对规划方案的共识；④ 开展"深化设计对接"，将规划方案"无缝"转化为施工图纸，通过汇报与培训，使居民深度了解实施方案，为居民成为建设"监理师"奠定基础；⑤ 开展建后社区营造，围绕"丰富性"内容调动居民共同缔造，并落实对建设成果进行有效管理的机制。

最后，是知识素养的构成。社区改造要求创作人员具备实现"三微融合"的全面知识，通常包括专业规划设计人员、居民代表（也称居民规划师）、社会工作者等，简称为"众创组"。就专业规划设计团队而言，应具备城乡规划、建筑设计、景观设计等专业设计知识，具备工程施工与管理的相关知识，具备社会工作的基本知识，如善于协调沟通的能力、技巧和心态；就居民规划师而言，在空间、年龄、阶层分布上应具有代表性，应具备理性、热心的基本素养，以确保他们能合理表达诉求，具有集

---

① 李郇, 黄耀福, 刘敏. 新社区规划：美好环境共同缔造［J］. 小城镇建设, 2015（4）：18–21.

体贡献意识，在社区居民间起带头示范作用；就社会工作者而言，除了社会工作的核心知识外，具备规划设计基础知识是必要的。

上述社区规划的范式转型，及对社区规划师的使命担当和职责要求，为评价武汉的各种实践模式提供了参考。

2.3　社区改造的进展：处于模式的多样化探索阶段

武汉市已在中心城区的所有 7 个辖区推行了老旧小区的改造工作，涉及 20 多个街道，近 50 个社区。从社区改造"共谋、共建、共评、共管、共享"的全过程来看，各区处于不同的实验阶段。其中，武昌、江汉两个区的首批试点项目已实施落地，如武昌区南湖街道的华锦、宁松、宝安三个社区，江汉区新华街道的取水楼、循礼两个社区。其他区则正处在社区规划编制阶段，尚未进入实施。在完整实施试点改造项目后，武昌区目前正围绕"共"字，深化"三微融合"的新模式探索，江汉区在大力推行改造的同时，个别街道也在尝试新的共建模式。

在上述实践探索中，社区规划师的构成、权责利和工作方式等是关键的一环。例如，成员构成逐步由单一性质团队向多元化格局转变。早期，社区规划的创作团队以专业规划设计团队为主，其中又以高校师生为主，规划设计企事业单位逐渐增加。随后，社区规划多采用"众创组"的模式，在原有专业规划团队的基础上，逐步引入社会组织参与到社区规划、建设和建后营造的相关环节，从而丰富了社区改造中的团队知识结构。来自社区的在地力量，如业委会、物管人员、社区居民代表等，也一同参与"众创组"。在武昌和江汉的试点项目中，社区居民大多被"聘请"为居民规划师，他们在建设环节转化为"监理师"，统一改造完成后成为社区"营造师"，在后续管理上又成为社区"护卫队"。但目前，这种"聘任"仅停留在社区层面，属于非正式的民间做法，尚未组织化，也未获得正式的政府注册批准。

3　社区改造工作组织模式与社区规划师实践

如前所述，参与式协商是践行社区规划使命的根本路径，包括社区居民间的横向互动协商，以及政府各层级间的纵向协商。社区规划师成为搭建协商平台、引领协商的关键角色，但如何实现这一角色，取决于横向与纵向的行政组织架构和社区改造工作的组织模式。不同组织架构和模式下，社区规划师履行角色的现实途径、方式与方法等都不尽相同，最终决定了社区规划编制与实施的效果。

从纵向维度来看，组织主体包括区级相关职能部门[①]、街道办事处和社区居委会：① 区级层面，如何设定工作组织机制是决定性的，如是否成立工作专班、主抓领导的职级和分管领域、相关职能部门间的主辅关系，以及相应的决策工作机制等[②]。② 街道层面，一般而言，主要是执行区级的工作安排，但区级组织机制也决定了街道层面的重视程度和推进力度，如区委或区政府主抓与否直接决定在街道层面可调动的力量。相比存在"块块"分隔问题的区级职能部门，街道相对容易整合力量，并作为上级政府，起到调动社区的关键作用。③ 社区是最基层的行政组织力量，既要执行上级任务，可谓"上面千条线，下面一根针"，又要解决居民日常社会矛盾，承担基层治理能力建设的关键任务。在"稳定压倒一切"的背景下，社区居委会对社区改造的态度是复杂的，往往是"既爱又恨"。"爱"是因为可以借此机会改善居住环境，"恨"则是工作量增加，还有大量潜在的利益纠纷和社会矛盾。因此，如何调动社区积极性非常重要。

从横向维度来看，社区基层的治理结构展示了社区居委会、小区业委会、物管公司和居民之间的互动关系。由于社区改造涉及他们的切身利益，这些群体是社区规划需要重点协调的对象。他们相互间的互动格局决定了工作与利益的协调方式，直接影响着社区改造的效果。

基于上述讨论，按照区、街道与社区三级主体在社区改造中的主次角色与互动关系，我们大体总结出三种模式：区、街道与社区三级联动型，街道主导、区配合、社区全面参与型，区统筹、社区主导、街道配合型。下文将结合案例，就改造实践过程和社区规划师制度安排分别予以阐述。

3.1 模式一：区、街道、社区三级联动型

（1）工作组织架构与机制：区级自上而下推动

区政府及相关职能部门、街道办事处和社区居委会三级主体分工协作，经由自上而下和自下而上的往复过程，构建上下联动型的工作机制。A 区 A1 街道 A11 社区是该模式的典型。在 A 区，区级层面由分管民政的副区长主抓，区规划部门具体操盘社区规划的编制和验收，区建设部门负责改造的实施与验收工作，其他相关职能部门配合。需要指出的是，区级层面对改造工作的初衷和期望是比较明确的，因为主抓副区长对 A 区的社会治理现状与问题有清晰的认识。其明确指出，A 区已经建立了"区—街道—社区"联动的整体性治理体系框架，为社区治理能力的提升作好了顶层制度设

---

① 省、市主要从宏观层面给予方向引导和政策指引，实际推行主体在区。
② 武汉目前的社区改造工作并未形成明确的体制机制。在市级，社区改造被确定为住建局负责。但各区做法不同，例如武昌区由分管民政副区长主抓，区规划局主导规划，建委主导建设；江汉区则由住建局负责，并向分管建设的副区长汇报。

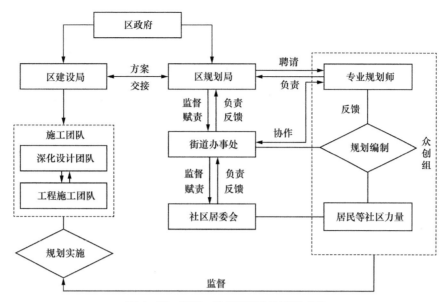

图1 区、街道、社区三级联动型模式图

计，但如何提升仍缺乏切实有效的抓手，而社区改造可能是一个契机，因此要探索如何实现社区品质与基层治理能力的"双重"提升。区级层面主推此事，在规划阶段经历了自上而下统一思想、社区横向联动编制规划、自下而上意见征询的三个步骤，进而由建设部门按规划实施（图1）。

（2）规划编制环节：专业规划团队引导"众创"

第一步，是自上而下地统一思想。区级首先选定了四个试点街道，街道选定试点社区，分别代表不同年代、不同品质、不同治理格局。区规划部门选聘专业规划编制团队，逐步下沉，对接街道办事处和社区，就实施改造的初衷和期望统一思想。A1街道是其中一个试点街道，其在社会治理创新上具有较好的基础，主任也是民政系统的"老熟人"，对基层治理有很深刻的认识，因此对此项工作较为重视。该街道形成了书记决策、主任负责、分管副主任和科长具体落实的职责分工。A11社区是其中一个典型社区，有3000多户，4个组团分期建成，最早在20世纪90年代末，晚则到21世纪初，有廉租房、安居房、现代住区，代表了比较综合的社区类型。该社区书记在居民中有较高的威望，协调组织能力强。在区和街道的重视下，社区书记有较高的积极性，在居民动员、活动组织、利益协调等各个方面起到了很大的作用。通过统一思想的过程，三级主体都得到了充分动员。

第二步，是横向联动"众创"改造方案。专业规划团队拟定标准，由社区居委会配合招选社区代表，包括业委会代表、物管代表、居民代表等。这些主体共同构成"众创组"团队，在专业规划团队的主导下，以工作坊的形式，开展参与式规划。规划分现状调研、联合设计、方案征询三个阶段进行，每个阶段又分为一系列的主题活动。每场主题活动，由专业规划团队发起，由社区居委会召集其他成员，围绕主题活动展开讨论，形成相应成果。通过各种形式的现状调研，使居民再次认识到社区的优缺点，形成了对现状痛点的共识，并凝练改进的方向，敲定拟改造区块。针对这些区块，专业规划团队引导"众创组"成员开展联合设计。经过多轮讨论后，由专业规划团队编制该阶段的最后方案，并发起更大范围的方案公众征询。

第三步，是自下而上的意见征询。"众创"方案完成后，由专业规划团队提请，逐级向上，由街道办事处到区职能部门和工作小组汇报方案，展现居民诉求，征询各层级政府的意见。专业规划团队据此修改完善方案，提请"众创组"成员讨论修改，如此往复，最后敲定规划方案，由规划局组织验收。

（3）规划实施环节：社区规划师监督

区建设部门组织项目立项、规划方案深化设计、工程招标和后期验收。A1街道根据规划方案，分两批向建设部门申报立项。建设部门聘请团队根据立项规划方案编制施工图。但由于深化设计方并未参与规划，也并未领会改造的初衷，并不理解参与式规划的方案是次优的，是妥协的结果，是与传统的"最优"或"最规范"方案可能不一致的。深化设计方参照规划方案，按照其传统理解，进行了修改。应该说，从施工图编制的科学角度对规划方案予以完善是必要的，但增加或减少内容，而不经过"众创组"团队的征询，则会造成实施方案与原规划方案间的出入。在A11社区，社区代表被社区居委会聘为居民规划师和建设"监理师"。他们主动监督各类施工，因此发现了施工中的一些不一致性，产生了矛盾。在矛盾化解机制尚未建立的情况下，这导致部分项目难以推进。

但从另一角度看，社区规划师自主监理施工，也说明参与式规划起到了一定的作用。在统一改造施工完成后，他们在社区居委会的带领下，自发地为规划留白的区块出谋划策，实施自我改造优化（图2）。如，A11社区的物管公司结合改造，投资将

图2　道路规整前后的车辆管理

一些房前屋后的闲置用地改建成了绿色停车位，缓解了小区车位严重不足的状况。以前居民和物业在物业费收取中的紧张关系，也得到一定程度的缓解。

（4）小结

综上可知，这种模式下，专业规划团队在规划编制中起到了统筹引导的角色。在社区层面，以工作坊的形式，集合各方力量，开展参与式规划，培训居民，并编制具有共识性的方案。上下联动的利益协调和工作机制，确保了各个层面的诉求都能反映到方案中。通过自上而下的过程，使上级的理念和初衷贯彻落实到了街道和社区，赢得了他们的积极响应。通过自下而上的过程，使居民的诉求被上级政府所理解，促成诉求的落实。由于在区级层面，规划与建设间缺乏衔接，参与式理念未延伸到深化设计与施工环节，造成了一定程度的规划与实施脱节。这种脱节因居民规划师的监督而显现，有助于后续改进。居民的自主能力已被唤醒。

3.2 模式二：街道主导、区配合、社区全面参与型

（1）工作组织架构与机制：街道为主体，上下支持

该模式中，区级统筹力度相对较弱，街道主导性较强，社区则在街道的要求下全面参与。区级由房管局推进老旧小区改造的工作，覆盖从规划到建设的全过程，其他职能部门配合。街道向区级争取改造项目立项，主导规划、建设与后期营造。通过这种竞争方式，街道的积极性被调动了起来，进而充分发动社区。

B区B1街道B11社区是该模式的典型。与A区相比，B区社区改造的发起并非源自区级自上而下的推动，而是源自B1街道的大胆尝试。B1街道一位具有前瞻性眼光的副主任负责民政与房管，在参观A1街道的社区改造实践后，认同改造与治理融合推进的理念，认为其能化解其辖区同样的现实问题，即老旧小区品质亟待改善与基层治理能力提升缺乏抓手的双重困境，因此向街道主管领导争取，并获得街道书记和主任的一致认同。街道再向上（区房管局）、向下（社区居委会书记）灌输理念，争取思想上的统一，并获得了区房管局的肯定和大力支持，同时接受区房管局的建议和指导。为开展这项工作，街道成立了以该副主任主责、书记和主任担任顾问、社区书记全面参与的工作组织方式。街道自行聘请专业规划团队，对接社区，开展社区规划编制工作（图3）。

（2）规划编制环节：专业规划团队主导"众创组"，街道协调

与模式一相同，模式二的规划编制由专业规划团队主导，下沉到社区，成立"众创组"，以参与式理念、方法和路径开展工作。具体细节上与模式一稍有差别：一是老旧小区没有物业，没有业委会，参与到"众创组"的社区力量主要包括社区居委会

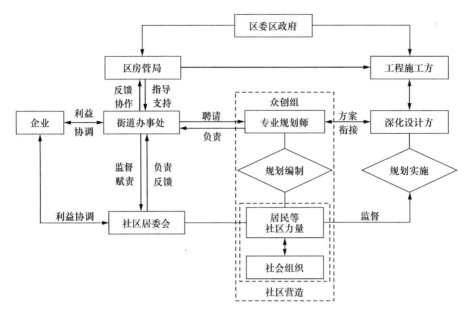

图3　街道主导、区配合、社区全面参与型模式图

领导、居民代表，作为规划编制的主创人员；二是吸收了模式一的经验，B1 街道聘请了社会组织，街道行政人员也加入到"众创组"，主要以跟踪、了解、建议的方式参与。在专业规划团队的引导下，"众创组"以工作坊的形式，逐步推进现状调研、寻求现状问题与改进方向的共识、重点区块的联合设计、方案征询等各项工作，协调社区层级的多样化利益诉求。社区层级以外的利益协调问题，则是在专业规划团队的方案引导下，以街道为主体进行协商，包括同级的辖区企业、上级区房管局等职能部门。具体展现在以下两个方面。

第一，街道主导上移"工作坊"尺度，对接企业，化解空间重塑中的利益矛盾。B11 社区规划的范围是一栋有五个单元门的单体建筑小区，是 20 世纪 80 年代建设的国有企业职工住区（图4）。除了建筑单体，小区只有环绕建筑的一圈宽 2～3 米的狭长地带，作为开敞空间。小区四周被企业办公楼宇包围，是被孤立起来的一块区域。面向城市道路没有自己的出入口，企业车辆与社区居民共有一个交通出入口，紧邻小区环形地带和交通出入口是企业的地面停车场。如此，小区居民的日常出行和活动空间极为有限，老人和小孩几乎不敢下楼游玩。为此，规划方案提出与企业协商，进行用地的功能置换，将地面停车外迁，腾出空间，在不改变权属的情况下，用作企业和居民共用的活动场所，实行出入口的人车分流。方案的实施取决于企业是否认同。街道、专业规划团队经过与企业的多轮协商，了解到解决停车问题是其基本诉求。街道通过与辖区社会停车场经营方协商，将车位以较低的租金出租给企业办公人员，解决了企业顾虑。企业因此统一改变地块的使用功能，将其变成公共活动场所。得以通过空间设计指导利益协商，通过利益协商使空间设计落地（图 5）。

第二，街道向上提请区房管局协调相关职能部门，全面对接规划设计方案。社区虽小，但"五脏俱全"。改造涉及多个职能部门。为推动方案落地，需要就展现居民、街道诉求的改造方案征求部门意见。如居民日常生活所急需解决的上水、下水与漏水问题，需要与区水务部门对接；园林绿化需要与园林部门对接；规划方案需要听取规划局意见；违建拆除与后续管理等需要征得城管部门意见，等等。此外，方案敲

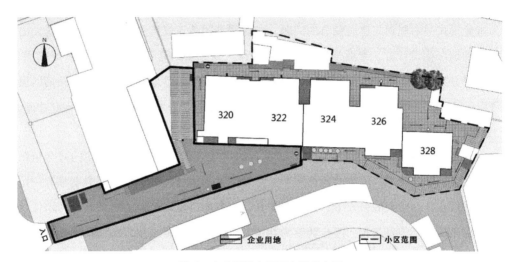

图 4　企业用地占社区空间分布图

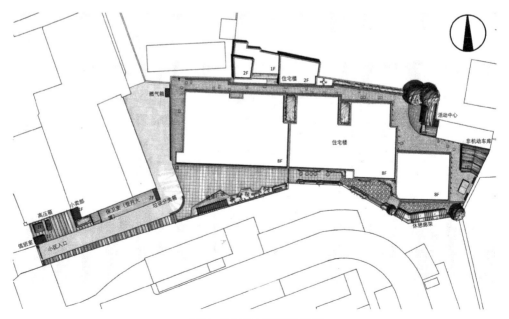

图 5　B11 社区规划总平面

定后，还需发改部门立项，工程实施的经费预算还需分管副区长和区委、区政府会议审议。这些"对上"的工作，基本由街道提请区房管局来协调。而协调利益的平台和焦点则是规划方案及其实施。在自上而下征求意见的过程中，专业规划团队充分展现了居民诉求，维护了其基本利益，也听取了区级各方的建议，对方案进行完善，再到社区征询居民同意。利益协商的尺度，被再一次上移，形成了居民和政府间的利益共识，进一步确保了方案的可实施性。B区最终将这种参与式规划组织模式予以常态化。

（3）改造实施环节：街道把关，持续推进社区营造

达成共识性的方案后，由专业规划团队主导，提请街道协调后续建设与营造环节。为避免模式一中规划与建设脱节的问题，专业规划团队建议街道将深化设计前置，由街道聘请深化设计方，专业规划团队与之进行规划方案的充分对接，反复审核方案，力求将方案的每一个细节反映到施工图中，以促成方案的落地。同时，街道提请区房管局、区发改委、区建设局等部门，落实工程建设单位。专业规划团队、深化设计方、工程建设方进行规划方案实施的对接。

规划编制完成后，与工程施工同时进行的是社区营造。B1街道聘请的社会组织在前期跟踪参与了规划编制的各个环节，对规划过程、居民诉求、规划方案都有一定的认知。在社会组织的引导下，社区营造开始于参加过规划过程的居民规划师聘任仪式，居民从规划的参与者，逐步转变为共建、共管的参与者。在首次活动中，居民纷纷承诺作好改造的主人翁，积极号召辖区内其他居民共同携手共建小区，并制定了开展活动的团队制度。

在共建环节，居民规划师转变为"监理师"，开展建设监督工作。例如，通过开展"问题收纳工厂"活动，发动居民记录施工过程中存在的问题，及时反馈；鼓励居民撰写监理日志，记录社区改造的变化。通过不同类别的活动，社会组织发掘和选拔了一批责任心强、积极性高的居民领袖，担任指导员、宣传员、管理员的多重角色，全程参与改造工作，为项目实施建言献策，作社区与居民间的传声筒。

在建成后的共管环节，社会组织启动了系列营造活动，如创建了志愿者"积分系统"（图6）。居民每参与一次社区事务或进行一次志愿服务，如植物认领、健身器材维护、墙体彩绘等，都可以得到分数并计入积分系统，达到一定分数便可以享受兑换社区电动车棚钥匙、兑换便民服务的优先选择权等福利。如此，通过社会组织的带动，在营造小区的过程中，社区逐步朝着居民自主化的方向发展。

（4）小结

综上可知，模式二充分发挥了街道的主导作用。街道统筹规划、建设与营造的各个环节，做好承上启下的纽带工作，确保了全过程各个环节的无缝衔接，有力地促进

图6　B11社区改造后居民绿植认领

（资料来源：B街道办事处）

了规划实施和居民自主能力的培养。对下，街道充分调动了社区全面参与的积极性；对上，街道争取区房管局的支持，主动提请其协调各职能部门；对企业，街道大胆创新，做足工作，确保企业利益与居民利益间的有效平衡。这一切又是以专业规划团队和社会组织的引导为核心。前者以规划为平台，以方案协调各方利益，积极提请街道开展各主体间的协调与各环节的对接，与后者分阶段主导各个环节。前者主导规划环节，跟踪后续环节；后者主导营造环节，跟踪规划设计环节。如此，有效地实现了改造的初衷。

3.3　模式三：区统筹、社区主导、街道配合型

（1）工作组织架构与机制：区—社两端发力，第三方组织为纽带，街道配合

区级层面延续了模式一中副区长挂帅、区规划局管规划、区建设部门管建设的顶层制度安排。社区被置于最前线，赋予其主导地位，自主推进社区规划编制工作。区规划局聘请第三方组织来链接区级的理念与社区的实践。街道似乎成为配合社区开展工作的从属角色。沿用该模式的初衷是认为既有社区改造仍偏向工程项目，居民能动性的发挥还不够，后续治理能力提升效果还不明显，因此需要发挥社区的主体性角色，建立专业知识更为全面的"众创组"，力求规划编制、社会组织活动的同步推进。简而言之，就是孵化出具有规划意识的居民规划师和社区自主力量。该模式仍处于规划编制环节，尚未有落地的实践成果，因此在此的阐述只是对规划阶段工作组织模式的解析（图7）。

（2）规划编制环节：编制责任主体不明确，成果不可控

C区C1街道C11社区是该模式的典型代表。规划环节的组织方式如下：区规划局按照一定的条件，如城市控制性详细规划划定的静区范围，发动街道、社区积极参

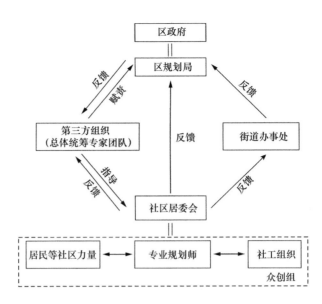

图7 区统筹、社区主导、街道配合型模式图

与社区规划与改造的第一批试点。根据报名，区级初步确定十余个社区同时开展该项工作。然后，由第三方组织统领这些社区开展社区规划编制工作。要求社区自行成立"众创组"，并规定"众创组"必须具备两个条件：一是专业规划团队必须由具备城乡规划、建筑设计与景观设计专业知识的人员构成；二是必须要有社会组织参与。报名的十多个社区中，唯有达到这个要求的方可进入下一步。"众创组"各主体间可自由选择、自由搭配。然后，第三方组织按照一年期的工作计划，包括现状调查、初步方案拟定、开展专家研讨、修改方案、敲定方案等，推动这些社区编制规划。规划编制的主导权限交给"众创组"，即社区层级，由第三方组织提供阶段性的指导。不过哪个主体主导并未明确要求，由各个社区自主决定。

如此，我们发现社区规划能否实现初衷，至少有以下三个关键点：一是第三方组织是否全面理解区级理念，是否在认知与经验层面具备统筹社区规划编制的实力，是否有足够的时间和精力投入跟踪、指导如此多的社区、如此多的规划环节；二是社区是否有能力确保选定有实力、懂理念、有责任心的社会组织和专业规划团队；三是"众创组"内是否有主导的主体，主导主体的责、权、利是否对等，以赋予其充分的激励，这关乎"众创组"内部的协作效率。

在规划编制工作进行到初步方案研讨阶段，专家进行指导时发现，规划编制的质量参差不齐，对规划编制理念的认知千差万别。除个别社区大体符合初衷，其他社区拿出的要么是一个传统的空间规划设计方案，要么是社区一个局部区块的设计，要么是设计的质量堪忧，尚且不谈社区居民的动员和参与。这里举一个 C11 社区未实现初衷的案例。该社区内辖多个小区，不同权属性质的住房相互混杂，有企业办公楼宇、新的商品房住区，但绝大部分是 20 世纪 80～90 年代建设的老旧小区，其中部分有物业，部分没有物业的由居委会统一进行管理。该社区书记较为实干，已经发动一些居民在进行自我更新。然而，该社区的专业规划团队呈现出的方案，仅仅是一个小学门前绿化带、道路和围墙墙面的设计方案，并非从居民意志出发、有理有据的重点区块改造方案。

通过与社区书记的访谈可知，选定该点位进行规划设计是源于其自己的意向，认为这是社区最不具争议、最需改进的区块。此外，其并不知晓社区规划需要怎么做、能怎么做，将其理解为通过设计方案向区里争取改造资金。可见，"众创组"各主体并未充分理解社区规划的理念、本质、操作方法和目标需求。面对相关提议，包括着眼于社区整体、基于居民意志、按照重难点拟定规划设计方案等，社区书记似乎难以理解，更不用说关注培育社区内生组织。与街道副主任的访谈也显示，该街道并未完全理解该项工作的初衷，也并未予以足够重视。

（3）规划编制中的三点缺失

对标上述三个关键点，我们发现 C11 社区规划中有三点缺失。第一，区—社间有效互动的缺失。模式一和模式二中，街道充当了桥梁，确保了上级理念与基层实践之间的匹配。但在 C11 社区规划中，街道的这种角色被第三方组织取代了，而事实证明在缺乏行政权责配置与行政考核机制的约束下，第三方组织投入和替代街道角色的程度和能力都是存疑的，可能最终沦为传达精神、组织活动、跟进进度的组织，而难以确保实现社区规划作为利益协调的平台这一使命。第二，社区有效识别专业规划团队、社会组织是否能开展此项工作和践行区级理念的能力缺失。第三，"众创组"内缺失明确的责、权、利的配置，主导主体缺失。根据"搭便车""公地悲剧"等"集体行动失灵"的理论，这种多主体间的合作，在没有明确分工、没有方向引导的情况下，难以开展有效合作。关于"集体行动"的大量理论与实证研究认为该行动并非不可能，但需要一些"非利己主义"者的付出和引导，进而带动更多看重"条件性合作"与"条件性惩罚"的人 [1][2]。简而言之，当缺乏有公益心、整体意识和情怀的人来推动时，"众创组"难以确保效率。我们也看到，C 区此轮试点中，也有少数几个社区践行了初衷。了解得知，其社会组织与规划设计团队都是高校规划专业的教师队伍，他们自觉地在践行参与式规划理念。

---

[1] Ostorm E., Burger J., Field C.B., et al. Revisiting the Commons: Local Lessons, Global Challenges [J]. Science, 1999, 284 (5412): 278.

[2] Ostorm E.. Collective Action and the Evolution of Social Norms [J]. The Journal of Economic Perspectives, 2000, 14(3): 137–158.

4 模式比较：社区规划师制度反思与启示

4.1 社区规划师的制度安排

我们从"众创组"的主体构成、职责履行、权能配置、主体间协作四个方面来比较三种模式的制度安排（表1）。

三种组织模式社区规划师制度安排与社区规划实施效果比较　　　　表1

		模式一：区、街道、社区三级联动型	模式二：街道主导、区配合、社区全面参与型	模式三：区统筹、社区主导、街道配合型
社区规划师制度的衡量要素	**主体构成** 专业规划团队	积极主动，质量有保证	积极主动，质量有保证	主动性和质量参差不齐
	深化设计团队	有，与规划衔接不够	有，充分衔接规划	有，与规划衔接不够
	社会组织	无	有，跟踪规划进程，主导社区营造	有，职责分工不明确，主动性参差不齐
	第三方组织	无	无	有
	社区各主体	有	有	有
	职责履行 搭建协商平台与机制，推动全面参与	较好	较好	条件性存在
	编制社区改造方案	整体性规划方案	整体性规划方案	整体与否未明确
	培育居民规划素养	参差不齐，但可控	参差不齐，但可控	结果不可控
	增进集体行动能力	一般	较好	较弱
	衔接与跟踪方案实施	一般	较好	一般
	社区持续营造	一般	较好	一般
	社区组织建设	一般	较好	一般
	权能 对下权能	从区逐级到社区	从街道到社区	限于社区
	对上权能	直达区职能部门	限于街道	限于社区
	协作性 内部横向协作	限于规划阶段	规划、深化设计、建设与营造全过程	限于规划阶段，取决于社区的主导
	层级间纵向协作	规划引导，层级间协作	街道统筹，协同上下	第三方协调区和社区
规划实施效果	规划方案的可落地性	利益协调好，落地性强	利益协调好，落地性强	利益协调有限
	规划方案的实施程度	高	很高	不确定
	社区品质改善的程度	高	高	不确定
	社区治理能力提升的程度	一般	高	不确定

在主体构成上，模式一最为简单，只有专业规划团队和社区力量。专业规划团队作为核心，起到全面引导的作用。模式二增加了社会组织和深化设计方，与专业规划团队一样，都由街道择优选取，且能确保理念的一致。"众创组"内，三个主体分阶段开展了主次有别的合作。模式三的主体构成最为全面，但第三方组织与"众创组"间的协作并不顺畅，组内主体间没有明确的主导方来推动工作的开展。

在职责履行上，模式一和模式二相对而言更为有效。两个模式中，改造的初衷和理念都能在一开始便达成共识，都以较好的参与为基础，着眼社区整体编制改造方案。虽然，居民参与的程度和集体行动能力的培育，因专业团队而不一，但在相关层级政府监督与规划责任主体明确的情况下，总体不会太差。模式一，由于缺乏社会组织的后期跟进，在增进集体行动能力、社区持续营造等方面的效果，相比模式二略差，规划与实施间的衔接也弱于模式二。模式三，虽然主体构成多，但规划编制责任主体不明，会造成工作推动中的"真空"，工作效果难以确保。社区无力确保团队实力和理念的一致性，因此实践效果具有不可控性。

在权能配置上，模式一似乎优于模式二和模式三。专业规划团队由区层面择优选定，对规划编制初衷和理念都有充分的认识。对下，有一定的主导权去协调街道和社区，推动规划的编制工作；对上，也可以直接向区级陈述街道和社区的诉求。其专业规划团队的权能赋予是充分的。模式二中，专业规划团队和社会组织等的权能上只能到街道，下则到社区，对区级层面的权能有限。如果街道做好与区层面的衔接，则可有效化解。模式三中，"众创组"的权能仅限于社区，第三方组织只有传达信息、培训指导的权限，没有行政赋权的资格。因此权能是最为有限的，限制了"众创组"协调多层次利益的可能性，有赖于第三方组织填补。

协作性包括"众创组"主体间在改造过程中的横向分工与协作，及其与各层级政府间的纵向分工与协作。模式一中，专业规划团队主导横向与纵向协作。由于任务的自上而下分配，社区得以充分调动，横向协作效率较高。由于权能直达区级，专业规划团队推动的层级间协作也较高效。但这种协作仅限于规划阶段。模式二中，街道层面统筹，"众创"主体间在改造中分阶段主次搭配，横向协作较好。上下层级间、街道与社区间十分顺畅。面向区级的协作则取决于街道的主动性。模式三中，主体间横向协作取决于是否有能动性的主体，但大多数情况下面临无协作的状况。层级间的协作不再是前两个模式中的主体，而变为第三方组织。其不参与规划编制，但要起到以规划协调各层级利益的作用，似乎存在权、责主体不匹配。

4.2 规划实施效果

实施效果将从四个方面予以评价,包括规划方案的可落地性(是否实现利益的全面协调)、规划方案被实施的程度、社区品质改善的程度、社区治理能力提升的程度。对比三个模式发现,模式一和模式二有较好的方案可落地性,模式三大多会陷入"集体行动失灵",协调的利益范围有限。由于模式一中规划与实施的脱节,规划方案实施程度会打一定折扣;模式二由于充分衔接,实施程度较高;模式三由于规划阶段成果难以保证,因此实施阶段具有不确定性。这也决定了社区品质改善的程度,前两个模式着眼于整体规划,改造更为全面,因此品质提升度高。社区治理能力上,模式二最优,模式一由于没有社会组织后续跟进,相对弱一点,模式三则具有不确定性(表1)。

5 总结

社区规划师制度能否行之有效,在很大程度上有赖于社区改造这项工作的组织模式。虽然武汉市目前尚未出台成文的社区规划师制度,但其多样化的探索,正好为我们提供了从组织模式视角审视社区规划师制度安排的窗口。研究发现,社区规划师的构成、权责关系、工作方式与实践效果因组织模式不同呈现出明显的差异。通过比较,我们认为区—街道—社区的联动是社区规划师发挥效果的基础性架构,街道主责是确保社区规划师主体间、全过程间、各层级间有效协同的关键,区级政府的全力支持、理念引导是关乎社区改造能否实现政府初心的保障,社区全面参与则是社区改造的本体性回归,社区规划师的全面引导、主体间的全过程参与、阶段性主次分工是确保社区改造成败的核心所在。

综合来看,我们倡导区—街道—社区联动;街道主导,区配合,社区全面参与;专业规划团队与社会组织阶段性分工,前者主导规划编制,后者参与,后者主导后期营造,前者参与的社区改造组织模式。如此,更能实现初心。

参考文献

[1] 李郇,黄耀福,刘敏. 新社区规划:美好环境共同缔造[J]. 小城镇建设,2015
(4):18-21.

[2] 林赛南,李志刚,郭炎,刘达. 走向社会治理的规划转型与重构[J]. 规划师,

2019，35（1）：25-31.

［3］刘达，郭炎，祝莹，李志刚．集体行动视角下的社区规划辨析与实践［J］．规划师，2018，34（2）：42-47.

［4］Ostrom E., Burger J., Field C. B., et al. Revisiting the Commons: Local Lessons, Global Challenges [J]. Science, 1999, 284 (5412): 278.

［5］Ostrom E.. Collective Action and the Evolution of Social Norms [J]. The Journal of Economic Perspectives, 2000, 14 (3): 137-158.

［6］张庭伟．社会资本、社区规划及公众参与［J］．城市规划，1999（10）：23-26.

成都：首创新体系，构建新格局，塑造新面貌
——成华区社区规划师助推美丽宜居公园城市建设

中共成华区委社区发展治理委员会

2018 年以来，成华区全面践行"以人民为中心"的发展理念，研究出台社区规划师制度，创建"专群结合三级队伍、参与式五步工作法、可持续长效机制"的工作新体系，完善党委领导、政府负责、社会协同、公众参与、法治保障的社会治理体制，形成了共建共治共享的社区发展治理新格局，有力推动了宜居环境品质提升，塑造了城市新面貌。为全国特大城市中心城区有机更新交出了"成华答卷"，为美丽宜居公园城市建设探索了"成华路径"，为特大城市治理提供了"成华样本"，初步达到了"城市有变化，市民有感受，社会有认同"。

1 社区规划师制度产生的背景和起因

1.1 上级有要求

党的十九大明确提出"打造共建共治共享的社会治理格局"，形成有效的社会治理，使人民更有获得感、幸福感、安全感。十九届四中全会更是强调社会治理体系和能力现代化建设。2018 年，习近平总书记来四川视察，对成都提出了"建设美丽宜居公园城市"的殷切期许。中央城市工作会议明确要求，"完善城市治理体系，提高城市治理能力，统筹政府、社会、市民三大主体，提高各方推动城市发展的积极性"。中共成都市委书记范锐平就社区发展治理指出，"无论城市有多大，基础都是社区。要多办民生小事、多积尺寸之功，全面提高城市的宜居度和市民的认可度"。

随着社会转型发展，城乡社区治理和服务面临城镇社会结构日趋多元、群众利益诉求复杂多样、信息传播方式深刻变化、基层治理难度加大等多重考验。成都人口众多，多元化的需求导致城乡居民对城市管理、社区发展治理的要求更高、更细。原

有的体制在应对多元化的诉求中，暴露出诸多难以有效解决的问题。

此前，成都市城乡社区发展治理工作由组织、民政、发改、财政、住建、人社、司法等多个部门分工负责，社区发展治理存在缺乏顶层设计和统筹协调的问题。"九龙治水治不好水"，相关职能分散在 40 多个部门，缺乏一个统筹社区、激活各项资源、高效对社区发展进行统筹规划和谋篇布局的机构。

在此基础上，中共成都市委城乡社区发展治理委员会、各区委社区发展治理委员会应运而生，既顺应城市发展规律的要求，也可以统筹推进城乡社区发展治理改革工作。其职责主要有 4 个方面，即统筹指导、资源整合、协调推进、督促落实，具体包括编制成都市城乡社区的发展规划、牵头建立资源统筹协调机制、推进街道的体制改革、强化考核督导等 7 条职责，通过城乡社区发展治理的"小切口"，可以探索特大城市治理能力和治理体系现代化，解决城乡社区发展治理职责分散、多头管理的问题，坚持法定事项部门负责，综合性、协调性、改革性事项统一集中，厘清与各部门的职责边界，避免职能交叉、权责不明，构建党委领导下、市委社治委牵头抓总、相关职能部门分工落实的工作机制。

1.2　发展有需求

成华区位于成都市城区东北部，全区面积 110.6 平方公里，辖 11 个街道，截至 2017 年年末，常住人口 94.65 万人，户籍总人口 76.05 万人。成华区特色名片众多，拥有世界遗产、中国名片成都大熊猫繁育研究基地，聚集了电子科技大学、成都理工大学等众多全国知名高校，以及西南电力设计院、电子十一院等科研机构 40 余所。

从城市建设而言，成华区脱胎于"老工业＋大农村"，正处于"生产导向传统老工业区"向"宜业宜居现代城区"转型的关键期。由于历史欠账较多，老旧小区、企业生活区、农民集中安置区量大面广，功能配套不够完善，宜居环境品质与城市发展需求不相适应。

成华区立足国家中心城市中心城区的定位，坚持以人民为中心的发展思想，秉持"创新、协调、绿色、开放、共享"的发展理念，结合区情施策，创新出台全面推行社区规划师工作方案，首创"全域覆盖"的社区规划三级队伍体系、"闭环运行"的全流程工作链条、"多元驱动"的共建共治共享协作机制，按照"规划引领、项目支撑、因地制宜、共建共享、强化营造"思路，积极打造功能完备、舒适惬意、缤纷多彩的社区生活新场景，奋力推动以"生产"为主的传统老工业区向以"宜居"为本的现代化城区转型，切实让广大群众感受发展温度，提升幸福指数，努力探索国家中心城市社区发展治理模式和路径。

1.3 群众有期盼

一方面,随着城市的建设和发展,人民群众对美好生活的标准和内容的理解日渐多元,对提升宜居生活品质、改善社区功能配套、提升社区服务质量和推进社区融合等需求十分突出。另一方面,随着人口流动的城镇化进程,住房商品化日渐被城市居民接受,不仅意味着城市居民基本生活单元的变化,更是从深层次上改变了基础社会机构,传统的熟人社会正逐步变得陌生,人情冷漠、安全感缺失,增加了社会运行的成本。群众要求转变治理方式、参与社区治理、改善邻里关系的愿望日益强烈。如何重建社会关系,是社区发展治理工作面临的重要问题。

2 社区规划师制度设计和创新路径

2018 年 7 月,成华区正式出台《关于全面推行社区规划师工作制度 加快建设品质和谐宜居生活社区实施方案》。明确相关区委常委和区政府副区长的牵头责任,建立健全"区委社治委统筹推进、各街道承接落实、相关单位协作配合"的责任体系,构建形成组织有力、任务明确、分工协同、齐抓共管的工作格局。

总体而言,成华区社区规划师制度创新路径主要体现在以下几方面。

2.1 "专业性＋主体性"相结合,首创三级队伍体系

一是区级层面组建"社区规划导师团",集聚 13 名来自规划建设、景观设计、城市文化、社会工作、社区营造等领域的全国知名专家,为成华区社区规划提供前沿智力支持,为成华区社区发展治理工作进行顶层设计。二是街道层面聘请"社区规划设计师",集聚 102 名来自企业、社会组织、研究机构的实操经验丰富的专业人员,为社区发展治理工作提供专业的指导和服务,参与编制社区规划项目设计方案。三是社区层面组建"社区规划众创组",集聚社区能人贤士、热心居民 1386 人,作为社区规划项目设计的需求征集者与设计原创者,组成 106 个社区规划众创组,常态化走访和收集社区居民意见和建议,积极协助社区规划设计师完成社区规划项目编制,广泛调动社会资源参与社区规划项目落地后的运维管理。三级队伍联动协作,导师团创新理念引导,设计师专业技术指导,众创组多元民意表达。

2.2 "落地性＋互动性"相结合,探索参与式五步法

一是民意收集,由社区规划设计师指导,社区规划众创组具体实施,建立众创组

常态化民意收集机制，通过问卷调查、居民议事、网络征集、智能新平台等形式收集群众诉求。二是项目产生，完善社区规划师、众创组议事规则，通过需求分析、实地考察、收集建议等方式对居民需求进行归纳和分析，形成居民意见可行性实施报告并反馈给居民，与居民群众一起筛选和确定可实施项目。三是项目参与式设计，组建社区规划项目设计团队，借助社区规划师的专业力量，全程邀请居民参与项目方案设计和修改，共同完成规划方案设计。四是项目评审，建立街道初评推荐、全区评比激励的两级评审机制，对社区品质提升项目设计方案进行全区性综合评审，评选出成华优秀社区品质提升项目方案和优秀社区规划团队，提高社区规划师队伍参与社区规划项目设计的积极性。五是项目实施与运维，充分发挥三级队伍，特别是众创组在项目实施和运维中的参与主体作用，推进项目的持续更新；积极联系驻区单位或相关运营机构签订《共建共治共享协议书》和《场地维护协议》等，利用场地开展运营活动，为居民提供服务，实现自我造血功能。通过"参与式五步法"，有效地将居民需求与专业规划互动结合，实现了参与式规划、陪伴式营造，形成了上下联动、多元参与的良好局面。

2.3 "有效性＋可持续性"相结合，建立三项长效机制

一是专项资金、以奖代补，对在全区规划设计评审中晋级优秀的社区品质提升项目，按照程序转入全区拟实施项目库，"以奖代补"匹配项目设计和项目建设专项经费。二是竞进拉练、示范带动，每半年举办一次全区性社区发展治理"竞进拉练"活动，既比规划设计、思路办法，又看项目品质、群众口碑，树立了奖优罚劣、比学赶超的鲜明导向。三是广泛调动、共同运维，鼓励驻区单位错时向社会开放图书室、运动场、停车场等服务资源，举办针对基层工作者、面向社会公众的社区规划和社区营造等领域的互动技术工作坊和理念引导培训班，邀请社区规划师、专业社工师、社工志愿者宣讲社区发展理念、愿景、构想、行动等内容，整合各方力量共建共治共享美好家园，可持续地推进社区规划师工作落地落实，共同运行管理维护建成项目。

3 社区规划师项目实施案例

3.1 猛追湾街道培华路社区"东郊田野农园"

（1）基本概况

培华路社区地处成都市六大"百亿商圈"之一的建设路商圈核心地段，面积0.9平方公里，常住人口4.2万余人，是成都东郊老工业生产生活聚集区，素有"信箱故里"

之美誉。同时，社区又有住宅小区多、退休职工多、老年群体多、流动人口多等特点。

为更好地化解辖区突出矛盾，满足居民共同需求，培华路社区以"东郊田野农园"作为社区营造"舞台"，既打破邻壁提供互相交流机会，又满足居民拥有城市"绿心"的兴趣爱好。培华路"东郊田野农园"（以下简称"农园"）位于成华区猛追湾街道培华路社区成华广场旁，长约22.8米，宽约6.8米，占地面积约120平方米，分为农耕区和活动区。农园以前是市民休闲广场背墙边的草地，土地贫瘠，加上居民多在此遛狗，久之成了裸露荒地。

（2）改造过程

在繁华大都市闹市居住区"寸土寸金"之地开辟"东郊田野农园"，一方面，既是社区紧跟成都市社区发展治理时代潮头的创新举措，又是社区推动发展治理内涵、丰富社区营造载体的大胆探索；另一方面，"农园"如何建、怎么建、怎么管等难题也摆在社区面前。为此，社区紧紧把握"社区居委会主导、众创规划引导、多方合作参与、公开招募认领、农园协会主管、收成众筹惠民"的原则，变昔日荒地为今日共建共治共享的"众乐园"与"百果园"。

2018年，在社区规划师、众创组成员和驻区单位、全体居民的共同努力下，"东郊田野农园"诞生了。由53位个人、家庭、院落、企业、单位参与竞投，选出第一批农园主人17家（图1），通过集体推选，确定"农园协会"会长。由会长带领大家出思路、出制度，形成《东郊田野农园公约》，农园主人实行末位淘汰机制。由辖区驻地单位成都市第六人民医院出资，提供共享农具，助力农耕生活，实现了"变废为宝"，取得了良好的效果。

为更好地管理维护"农园"，由"农园协会"征求意见制定"农园"公约，认领者自觉遵守公约内容，维护"农园"持续性发展。公约内容如下。

社区门口有块地，东郊田野是名字。

公众参与聚平台，耕种认领有"产权"，

单位企业与社团，职工居民都可来；

老小上阵齐播种，更喜亲子把菜栽，

种子农具自己备，勤耕细作莫偷懒；

农具有借又有还，即使再借也不难，

相约每季同望果，互相交流慰情怀，

积极参与比和赛，最后一名要淘汰，

收成一半交社区，众筹食堂做公益，

图1　农园区域划分示意图

（图片来源：杨剑鸿摄影）

图2　东郊田园展板

（图片来源：杨剑鸿摄影）

人家菜好只观赏，切莫偷摘打主意，

耕读传承好风尚，邻里和谐作榜样，

社区爱我我爱他，美好生活乐哈哈。

（3）重要举措

一是建立管理机制，明确"农园"权责属性。积极采纳社区规划众创组建议，在服从城市整体风格与布局要求下，通过居民代表大会表决同意，建立"居委会主导—农园协会负责—居民自主实施"三级管理机制，由社区居民代表大会委托居委会履行管理主导责任，规划、指导"农园"的规划、耕作、管理各项事务，指导成立"农园协会"，由"农园协会"负责日常管理，"农园"所有权归属全体居民（图2）。

二是理清参与方式，优化"土地"认领形式。具体做法包括：①"广而告之"，以短信、微信、通知等方式通知驻区单位、企业、社会组织，其职工和居民都可报名参与认领。②"自愿认领"，参与者自愿与社区签订《创智农园土地承包合同》，履行合约权利与义务。③"摇号定地"，为解决人多地少的矛盾，提倡以单位、小组为单位共同承包参与耕种，对同一宗地块出现多人认领的情况，可以相互协商，亦可参与"摇号竞标"，由懂管理、勤耕耘、有经验者优先竞得。④"不得转租"，所认领的地块，不得以任何形式转租、分租、承包他人，鼓励认领者积极加入"农园协会"（图3）。

三是加强主体运营，注重"农园"开发管控。在"农园"建设与开发过程中，种子和农具自备，既防止"各自为政"，又要杜绝"千篇一律"。重点保证以下几方面。

图3　农会成员耕种图
（图片来源：杨剑鸿摄影）

图4　农园一角
（图片来源：杨剑鸿摄影）

① 总体要求美观性，做到"春有花、夏有绿、秋有果、冬有景"，保持"农园"总体风格与城市园林景观的一致性。② 自由耕作规范性，认领人、团队、小组在耕作过程中，以种菜为主，蔬菜品种自行安排，报"农园协会"备案，所种植作物不但要具有实用性，还要具有可观赏性（图4）。③ 广泛参与共享性，倡导驻区单位、个人可参与耕作，也可协助认领、认养，在"有钱出钱，有力出力"原则下，积极提供共享农具、农资经费等。④ 作物收成公益性，凡收成的作物，一半归认领耕作者，一半交社区众筹食堂作公益，将收获的蔬菜瓜果分送给残疾、困难群众，分享丰收的喜悦。

四是细化指导管理，确保"成果"可观可尝。"农园"日常管理由"农园协会"负责指导，"农民"进行自主耕作，遵守公约、邻里互帮、守望相助，开展农园作物日常巡察维护、修苗剪枝、认建认养管理、参访接待交流等事宜。每季度适时开展一次"望果节"活动，开展耕种作物长势评比竞赛活动，对耕作较好的"农民"提出表扬，对差的提出批评与警告，每年进行一次总评，实行末位淘汰。

五是理清各方管理职责。由区级相关部门和街道负责指导和监督，社区负责制定认领、使用、管理等相关规则，及时发布信息，招募认领对象，统筹安排"公粮"收成，并负责向居民代表大会报告相关情况。"农园协会"对社区负责，制定"农园"园区管理制度、活动组织管理办法，协调相关专业人士开展栽种专业技术培训，对认领土地的日常管理、运营进行指导，组织开展"春之花""夏之绿""望果节"等社区营造活动。"认领者"（居民群众）以各种方式使用农园并参与农园的管理维护及活动，开展认养认建、共建共治，积极参与以老年人为主体的花友会、以幼童为主体的小小志愿者团队、以年轻人为主体的农耕文化体验组等群众自发的社团组织，并发挥主体作用，营造和谐、温馨、友善的邻里氛围。

六是实施"农园"产出公益化。"独乐乐不如众乐乐"，倡导"农园"产出结果公益化，实物可以提供给辖区空巢老人、困难家庭等特殊群体，资金收入收归培华路社区慈善公益基金。

3.2 青龙街道"青龙记忆·5811"

"青龙记忆·5811"广场位于成华区青龙街道昭青路社区，打造前长期闲置（图5），社区居民逐年在地块上搭建起不少违建建筑，既影响观瞻，又滋生潜在安全隐患，将其拆除又会产生新矛盾，一度成为辖区居民和社区的矛盾问题。改造是必然，怎么改？改来做什么？改造后如何长效发展？青龙街道党工委整合社区规划师力量，与专业研究机构四川创新社会发展研究院、长虹集团虹信软件等联手对其进行改造。经过一年努力，改造后的"青龙记忆·5811"广场获得辖区居民的认可，并引来众多参观者调研和打卡族群的点赞（图6）。

（1）寻根——重塑归属新地标

要将一块"荒地"改造为居民认可的"打卡地"，如果仅对物理空间进行打造而不挖掘其"灵魂"，即使建筑再美观，也只是表面繁华而内心"空虚"。那么应如何运用社区微更新、社区营造等手段，找到它的真正价值？

首先，要找出青龙辖区内，除了熊猫基地，还有什么符号能够留住青龙记忆呢？地块周边，铁路家属院落多，老年人多，他们对这片土地有感情、有记忆、有期待。2018年7月，青龙街道启动社区规划师制度，通过专题走访、问卷调查、居民见面会等方式，先后召开4次社区众创工作会，调查访问昭青路社区居民8100多户，约2万人，其中地块所在昭青区域327户，调研辐射630份样本。社区规划师在充分调研和征求民意的基础上，充分利用自身专业性，发掘出"铁路文化"基因，利用1958年1月1日宝成铁路通车典礼在此举行这一时间记忆，成功找到在地文化的突破口，

图5 广场改造前实景
（图片来源：杨森林摄影）

图6 广场改造后实景
（图片来源：杨森林摄影）

将项目命名为"青龙记忆·5811"广场。地块被定位为社区居民休闲消费的微广场，并被赋予"文创、文化、文商、文旅"功能，得到居民认同和违建所有者配合，项目改造阻力减小，矛盾纠纷有效化解。广场改造成功后，既唤醒了原住民的年代记忆感，又打造出"文旅成华·蜀韵青龙"新地标，让异地来蓉的新市民重获"归属感"。

（2）聚力——共建智慧新风景

如何深刻领会共建共享的内涵？仅仅靠自上而下的力量，打造出来的项目有可能是"一厢情愿"的，因此还要充分挖掘自下而上的力量。青龙街道以发展为导向，聚合社区及社会资源，广泛发动居民和社会企业参与共建。社区党小组、居委会、家委会等相继"进场"，通过社区众创孵化、社区居民文化活动运营管理、微治理资源整合引进、场馆使用及管理等手段，为参与共建的各方都找到了发挥作用的角色阵地。

在硬件打造上，充分利用铁路文化元素，打造出站台、火车轮、集装箱载体等，为居民提供花木照护、商业经营等共建参与机会，为社会企业入驻经营提供空间场所。建成后，规划"5811铁路印记"等众多微文创项目，每月开展至少8场（全年100多场）群众需要的差异性"公益＋文化"及培训活动，包括趣味曲艺展演、国学大家讲堂、茶艺家风礼仪、非遗手工传习、阅读、亲子文化体验、妇女权益讲座、儿童健康辅导、古琴古筝培训、居家创业讲座等十大类活动，为广场文化软实力建设注入内生动力。同时，利用街道开展智慧社区建设的契机，打造出"智慧社区科普基地"，为未来智能居家、智慧社区发展普及"未来生活"。只需要利用手机扫描广场上的菱形二维码，就可对微信小程序"文韵昭青"中展现的各类社区活动一目了然，居民对社区活力有了更清晰的认知，并真切感受到现代智慧广场的韵味。

（3）集智——运维探出新路子

"来，拍照累了来一杯咖啡。""这是青龙第一杯咖啡哦！"2019年12月，前来广场拍摄婚纱照的一对年轻人被店主热情邀请坐下来品尝自己的手艺。这是5811广场建成后经常出现的场景。

在广场建设之初，社区规划师和研究机构就提出，引进社会资源参与运维以实现共治共建共享。项目硬件打造完成后，青龙街道党工委、办事处牵头，坚持党建引领，组织昭青社区党委，组织动员石室初中、社区卫生服务中心、社区文化活动中心、成都大自在文化传播有限公司、成华区三医院、长虹智慧云驰等20多家驻区企业代表，10家社会组织代表，50名社区和大学生志愿者，联合发起成立"5811自治委员会""驻区单位共建党支部""环境专委会"，推进党建引领与社区自治、城市管理、环境卫生等深度融合，通过花圃认领、树木养护等，探索共享治理服务体系（图7）。咖啡、禅茶、蛋烘糕等营业收入和长虹、联通在智慧社区展示空间的收入中均需拿出一定比例的利润作为社区基金，用于广场运营维护，以此逐步构建起"社区＋社工＋社会组织＋社会企业"的"四社联动孵化机制"，形成了"市场＋公益＋社区基金"的发展机制，为项目长效发展找到了"开源渠道"（图 8～图 10）。

（4）显效——由乱而治新画卷

5811 广场的规划—建设—运维—发展一体化过程，体现出党建引领的重要作用。在项目建设过程中，街道党工委、社区党委、党员骨干、居民达人、社会组织、商家联盟等各方参与力量，在"党建"这面旗帜下，共同绘出了一幅生动的"共建共治共享"画卷。

"汽笛一声催人进，五八一一展新颜。东风唤来千家乐，共享迎来万户安。"截至目前，5811 广场已开展差异性公益活动 100 多场，吸引 2 万多名居民参与其中，"公

图 7　居民认领栽植植株

（图片来源：杨森林摄影）

图 8　居民学习花艺

（图片来源：杨森林摄影）

图 9　亲子活动现场

（图片来源：杨森林摄影）

图 10　亲子活动现场

（图片来源：杨森林摄影）

益＋商业"的社区文创品牌影响力日增，社区基金池不断丰盈。5811广场如今已成为居民休闲、文化活动、科普活动的重要场所，成为青龙街道继动物园、昭觉寺之后的另一张文旅新名片。

3.3　二仙桥街道下涧槽社区党群服务中心

成华区二仙桥街道下涧槽社区是原成都机车车辆厂生活区，始建于1951年，面积347亩，共有约5370户，居民14800人，是一个典型的大型国有企业老旧生活区。这里曾是城市品质提升中的"老大难"，环境脏乱差，设施老化陈旧，私搭乱建未受约束，公共空间受到严重挤压（图11）。为了优化社区服务功能，提高居民生活品质，二仙桥街道从保护与发扬机车厂特色地域环境、延续工业企业文化、构筑现代生活美学出发，对位于机车厂生活区前五坪的老旧平房（建于1952年，占地面积670多平方米，建筑面积310多平方米）进行空间再造和活化利用，集成优化社区生活服务功能，精心打造有人情味、接地气的社区党群服务中心，让居民切实感受到"服务就在身边"（图12）。

（1）聚焦"活化再生"，让空间美学更有高度

"改造、再造一起上。"街道、社区、规划师团队和居民代表与中车公司协调，将小区内建于1952年的两排平房作为党群服务中心选址点位，并对建筑外立面及周边环境进行整治改造，同时对中间300多平方米的厅堂进行空间再造，着力提升空间承载能力。在社区改造过程中，通过搭建参与平台、畅通参与渠道，社区党组织带领党员义工、社区志愿者深入企业、小区、院落，通过院落坝坝会、居民听证会、问卷调查等方式，走访调研、宣传动员，发放7630份调查问卷征求居民意见，其中72%的"金点子"被融入实施方案，梳理形成31个硬件项目、54个软件项目（图13、图14）。

"面子、里子一起改。"坚持修旧如故，最大限度地保留老砖老瓦，保护性升级改

图11　打造前实景
（图片来源：郭浩摄影）

图12　打造后实景
（图片来源：郭浩摄影）

图13　居民参与服务中心设计

（图片来源：郭浩摄影）

图14　众创组讨论改造方案

（图片来源：郭浩摄影）

造了原有风貌景观和工业遗产。同时，以机车文化为切入点，开辟老机具、老物件、老照片展窗，滚动播放《坊间·机车记忆》口述历史、《二仙印象》纪录片，着力构建文化共同体，留存时代记忆。

（2）聚焦"场景营造"，让生活服务更有温度

公共服务便捷化。改造后，居民在"家门口"即可办理低保等76项公共服务，并开设24小时警务服务站，向居民提供户政业务办理、港澳台签注、身份证自主照相、车驾管等延伸服务。

生活服务场景化。结合居民日常生活需求，引导社区周边"小散商户"入驻社区党群服务中心，创新推出线上＋线下互动融合的"睦邻帮生活服务平台"，为居民提供配钥匙、开锁、补鞋、缝纫、快剪理发、家电维修等生活类服务，同时也解决了部分社区残疾人、"4050人员"的就业。

特色服务专业化。引入社会组织，整合执业律师、持证心理咨询师、政法干警、执业医师等专业力量，为居民提供心理辅导、法律咨询等服务，推动社会力量服务社区发展。

志愿服务经常化。有效整合志愿服务资源，党员义工、"仙姐服务队"、大学生志愿者活跃在社区的每一个角落，"微风行动""义仓""睦邻帮"等社区志愿者活动为社区居民送去了温暖。

4　社区规划师制度的成效和创新总结

4.1　实施成效

（1）首创新体系，开启政府治理到多元治理之变

实施社区规划师制度以来，成华区形成了由 106 个众创组、1386 名众创组成员共同组成的末梢骨干队伍。在他们的带动下，180 多个院落小区的居民、380 个社会组织和社会企业、240 个驻区单位等直接参与到 342 个社区规划项目中来。为确保这种参与的有效性，在"五步法"中的每一步，都是社区各方意见的集中体现，最终结果不一定是最科学的，但却是居民最满意的，各方参与的积极性空前高涨。

（2）构建新格局，撬动家里到邻里关系之变

正是因为社区规划师工作注重人的参与，将居民从家里吸引到院落社区，构建新型的和谐邻里关系。在项目实施较为集中的致强社区、华泰社区等，居民的参与度大幅提升，居民参与活动月均超过 4000 人次，活跃的社区各类组织达 30 个以上。形成了"绿漫致强""大爱新鸿""睦邻锦绣""和美·家"等"一社一品牌、一居一韵味"的社区发展治理品牌。2018 年以来，全区新增各类居民自组织 322 个，居民组织化程度进一步提升，网络理政投诉量同比下降 11%，居民满意度不断提升。

（3）塑造新面貌，推动从"老东郊"到美好社区之变

2018 年以来，成华区共实施城市公共空间提升项目 263 个、院落微更新项目 52 个、社区文化项目 27 个等共 342 个项目，涌现出了一批如"毛边书局·桃蹊书院""踏水桥北街彩绘墙""青龙记忆·5811"、培华路社区"东郊田野农园"等网红打卡胜地。随着社区规划项目的落地生根，营造了更美丽生态的空间环境，吸引了更优质的服务资源，唤醒了更具"天府韵、蜀都味"的本土市民文化，致强社区、和美社区、锦绣社区等一批更高品质社区在成华出现。

2018 年，成华区在成都市社区发展治理推进会上作了经验介绍，同年获评"全国社会治理创新示范区"，新鸿社区"守望新鸿"、致强社区"豫府新街坊"智慧社区经验在民政部举办的全国第三届社区治理论坛上作大会交流，坚定了成华全区上下共同进一步推进社区规划师工作的信心。

4.2 创新亮点

（1）理念的创新——从空间到人

一是设计理念从"为城"到"为人"的转变提升。传统城市规划设计理念注重空间形态和建筑景观的打造，而社区规划强调以人为本，围绕"人、文、地、产、景"五个要素，全角度切入，实现规划维度由关注城向关注人的转变。二是工作理念从管理到治理的转变提升。传统政府治理理念中，偏向于硬件设施和技术手段，不断加强管理、管控、防控的力度。社区规划师制度则是以人的参与为核心，注重发动群众参与公共空间改造，促进人与人关系的重构，打造熟人社会、和谐邻里，实现从管理到

治理的根本性转变。

（2）模式的创新——从单一到多元

一是改变项目资金投入方式。传统城市规划偏向于建大项目、搞大整治，需要大资金、大投入，且更多的是政府的单一投入。社区规划强调政府只是引导性投入，更重要的是调动辖区居民、社会组织、驻区单位的多元投入。二是改变规划建设切入角度。原有城市建设更注重实施大拆大建的大规划，忽略了社区院落基础单元。社区规划师制度注重以小切口实现社区微更新，从持续的社区微更新实现城市品质大提升，为美丽宜居公园城市建设提供有力支撑。

（3）路径的创新——从供给到参与

一是做规划的人由专业人士变为专群结合。原来做规划仅仅是规划设计单位、专业人士的事情，而成华区社区规划师三级队伍，既有建筑景观设计的专业人士，也有社会工作、社区营造、城市文化等多领域专家，更吸纳有社区两委、社会组织、热心居民，体现专群结合的广泛性。二是做规划的方式从供给式变为参与式。原来规划设计几乎都是从上到下的"供给式"规划，"政府做，百姓看，不满意再来提意见"，缺少对居民群众需求的提前沟通和精准回应。成华区社区规划师制度五步工作法的核心就是全程发动居民共同参与，找到共同目标，共同设计、共同实施的"参与式规划"。三是做规划的机制从运动式到制度化。原来的一些工作创新，存在"运动式""一阵风"的情况。成华区社区规划师制度注重通过深入研究、顶层设计，立足长远，持续建优队伍、评优项目、做优品质，以制度化手段保障工作创新的连续性和有效性，打造共建共治共享的社会治理新格局。

5 工作挑战和展望

5.1 工作挑战

基于对成华区社区规划师工作的总结和反思，未来工作中尤其需要注重以下三个方面的有机结合，也是挑战。

（1）注重政府意志与市民意愿的有机结合

社区规划是城市发展规划的组成部分，一方面，地方政府对城市发展的整体规划和制度设计是大规模、成体系、系统性开展社区规划的基础；另一方面，社区规划的内容又要聚焦到街头巷尾、小区院落、邻里单元等小尺度空间，把群众需求摆到第一位。这就要求在实施社区规划时，既要秉持自下而上的以人为本原则，又要具有自上而下的统筹聚合思想，在合理满足和平衡居民各类诉求的同时，严格在城市整体发展规划的框架下开展工作，体现社区规划的公共利益属性。

（2）注重社区规划与社区营造的有机结合

目前看来，我们的社区规划更侧重于单纯对城市空间和硬件配套的提升改造，社区规划在整合社区资源、凝聚多元力量、培育社区文化、推动社区营造方面的作用还未凸显。这就要求社区规划应"见物又见人"，全面发动居民进行参与式规划、陪伴式营造，形成"上下联动、多元参与"的良好局面，大幅提升居民的治理参与度、社区认同度和生活幸福感，在宜人的尺度、生态的景观、细腻的变化中重拾对社区空间的人文关怀。

（3）注重功能品质与长效运维的有机结合

在社区规划师工作实践中，项目设计和建设实施阶段往往推进得比较顺利，而后期的管理、运营、维护由于机制不够健全，运作起来相对比较困难。运维较好的项目，都有比较固定的运作团队，能产生一定的效益并具备较好的群众性。这就要求政府在制度设计上，要建立动态跟踪和反馈评价机制，对产生的问题及时干预，作出修正调整。同时要求社区规划师从社区规划项目编制阶段就要思考项目管理、反馈、维护、更新的循环机制，保障项目可持续性。

5.2 工作展望

在全面总结的基础上，成华区还通过深入学习研究、扎实推进实践，着重对社区规划师身份界定、社区规划师赋能提升、社区规划参与角色责任界定、队伍体系与规划项目持续发展等核心问题进行了深层次思考，进一步完善社区规划师工作体系。

一是找准社区规划师角色定位。在城市微更新语境中，社区规划师需要扮演研究者、设计师、社会工作者等多重角色，建立社区规划师队伍不仅要综合搭配城市设计、建筑学、社会工作等领域的专业人士，更需要发现和培育复合型人才。成华区在工作进程中将对社区规划师提出更高要求，社区规划师要成为居民需求的调研者、多方参与的发动者、规划设计的实施者、项目建设的监督者、运营规则的主导者，在搭建居民参与平台、构筑政府与居民沟通桥梁、平衡居民需求与公共利益、培养运营维护自治力量等方面发挥关键作用。

二是厘清政府、社区规划师、居民责任边界。现阶段的社区规划已从个别地区、个别组织的行动，上升为政府行为。政府要制定政策框架、建立完善制度、统筹各方力量，才能系统、高效地推进社区规划，同时还要尊重居民的主体地位和规划师的专业贡献，不随意插手项目选择和设计过程。社区规划师在规划前期的工作重点是搭建常态性沟通平台、组建居民骨干团队，让居民作为决策者、建设者、监督者参与社区规划全过程，社区规划师则作好"军师"和"导师"，专注于项目方案设计、助推落实实施、开展专业培训。

三是建立可持续运行保障机制。构建社区规划队伍评估指标体系，以多方参与度和项目居民满意度为主要考核指标，采取政府验收、第三方测评、居民评议等形式对社区规划师队伍进行全面考核，将考核名次与社区规划师待遇保障挂钩，完善奖优励先的激励机制和末位淘汰的退出机制。健全社区规划资金保障体系，在政府匹配专项资金、发动多方众筹等基础上，将项目运营与社区微基金建立连结，挖掘规划项目造血功能，以社区基金启动造血项目、以项目运营盘活社区基金。

参考文献

［1］中共成华区委，成华区政府．关于全面推行社区规划师工作制度加快建设高品质和谐宜居生活社区的实施方案（试行），2018.

［2］中共成都市委城乡社区发展治理委员会．关于探索建立城乡社区规划师制度的指导意见（试行），2018.

［3］中共成华区委社区发展治理委员会．创新与实践：成华区社区规划案例集，2019.

［4］成华区人民政府．成华年鉴2018，2018.

深圳："小美赛"
——探索城市更新的一种非正规方式

刘 磊

随着城市不断的高速发展，城市更新已经成为不可避免的规划趋势，其目的通常是有计划地改造不满足当代城市生活需求的区域，并提升城市空间容量和质量。但是，当前国内大多数城市更新采用拆除重建的方式，或者大规模地将地区风貌改头换面。这样的模式通常依赖自上而下的旧改意愿，缺乏对在地的历史人文、居民生活、社会影响等方面的深入考量，更新结果虽然增加了城市空间容量，却也对城市文脉产生了破坏性的影响。

近些年，全国各地陆续开展了城市微更新实践，对社区环境进行改善，并推出社区规划师的机制以指导基层的设计和建设工作。考虑到社区规划师制度的建立需要长时间的在地探索与磨合，因此，深圳市城市设计促进中心（以下简称"城促"）探索了一种新的工作方式——小美赛。顾名思义，小美赛是"小而美"的竞赛，是一种发动设计力量介入城市微更新的方式。有别于传统的、自上而下的社区规划模式，小美赛是非正式的，或者更像是民间的方式。本文将会以深圳现在面临的一些城市更新的问题为背景，来探讨小美赛的项目实践和反思。

1 背景：深圳城市更新的困惑

1.1 不应忽视的非正式推力

深圳是一个快速生长起来的现代城市，通常也被定义为一座没有悠久历史的城市。从卫星航拍图上看，1988 年的深圳还只是在罗湖有一些城市建成区，那个时候的人口

作者简介：刘磊，深圳市城市设计促进中心总监。

大约 100 万多一点，但是到了 2018 年的时候，深圳市全域基本上被建成区所覆盖，而且人口增长了 10 倍，GDP 增长了 200 倍。在短短的 30 年时间内，整座城市发生了翻天覆地的变化，已经从经济改革的试验地转变为全球经济成果瞩目的典范城市，并取得了很多傲人的发展成就，并被冠以科技创新之城、新兴技术产业中心等称号，甚至有人把深圳与美国的硅谷相提并论。

对于深圳这样一个年轻的城市来说，创新并不是与生俱来的，而是城市经历了数次迭代后产生的，这样的结果也源自于先前的制造业基因。回过头看，深圳奇迹其实离不开每一位来到深圳的人，除了接受过高等教育的精英，他们大部分是来到城市中落脚的普通务工人员。早期“三来一补”的产业模式也是依赖于大量的廉价劳工，这是支撑起制造业的重要因素。深圳的高速发展造就了一座移民城市，移民（人）与城市之间构建了一个紧密的互利关系。“来了就是深圳人”深刻地阐述了这样的关系——在这样一座没有太多本地人的城市，所有的移民来了就是市民，他们的利益是捆绑在一起的，为了共同的梦想来营造一座可以依赖的城市。

政府政策和城市规划虽然在宏观层面上对城市发展愿景起到了主导和管控作用，但非正式的发展模式和经济形态却促进了城市的自然生长。《Learning from Shenzhen》（向深圳学习）这本书对深圳及其发展历程进行了深度介绍，其中呈现了城中村和非正式经济活动在实现社会转型和塑造现代城市生活中起到的作用，解码了这座具有活力的大都市能够取得成功的原因。如同其他大城市一样，非正式经济在深圳城市发展中扮演了重要的角色，城中村提供了大量的廉租房以及生活服务配套，成为很多移民落脚深圳的第一站。

1.2 深圳速度：新与旧的快速迭代

城中村自从诞生以来就命运多舛。从市域面积来说，在“北上广深”四个城市中，深圳市是最小的，只有不到 2000 平方公里（图 1）。这种状况也迫使深圳从很早开始就进入到了城市更新阶段。在原有基地上不断地拆除重建是深圳过去快速增长的主要模式：从最早的原农村村落形态，然后有了新村，并且每户有 10 米 ×10 米的宅基地，之后城市就开始在这些小方格上疯狂地生长。实际上，几次大规模违建风潮都与政府出台的管控政策相联系：1989 年特区内实行土地统征，城中村开始第一轮抢建违建农民房；1992 年邓小平南方谈话以及深圳市出台《关于深圳经济特区农村城市化的暂行规定》，把特区内全部农村土地转为城市国有土地，随即引发了第二轮抢建农民房；1999 年《关于坚决查处违法建筑的决定》的颁布反而让农民房想搭政策“末班车”，结果导致了第三轮抢建；2002 年《深圳经济特区处理历史遗留违法私房若干

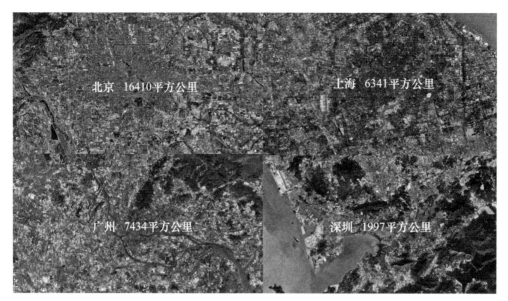

图1 "北上广深"市域面积比较

（图片来源：作者根据百度地图卫星航拍绘制）

规定》的颁布实施形成了第四轮城中村抢建风潮，违建总量翻倍。[①②]

深圳城中村的主要违建时期是在1989～2003年之间，这四次违建风潮，或者可以称为城中村的"自我更新"，都与政府出台的管控政策有关。由于这些政策仅仅以城市发展为目标，没有充分地与村民沟通，忽略了村民的利益和需求，所以导致了与规划管理目标相反的结果。这段时期也形成了深圳城市化的典型特征，即城市化是城市通过吸收农村空间而发展起来的，却发现农村在很大程度上决定了其独特的城市化形式。深圳城市规划师和建筑师将这一过程描述为"城市包围农村"。

虽然深圳是一座年轻的城市，但其实也是最早提出"城市更新"这个概念的地方。深圳的渔农村改造被称为"中国旧村改造第一爆"。2005年旧的农民房全部被拆除，改建为现代化商品房，这也标志着深圳城市更新的一个开端。随着城市更新政策的逐步完善，特别是在2009年公布实施的《深圳市城市更新办法》标志深圳正式走进了存量规划的时代，并且在全国都走在前列。这对于土地面积不大的深圳来说，也是不得已之举，因为城市的发展的确需要更大的容量。同时，深圳的城市更新由市场主导，也激活了房地产行业对城中村的改造计划。

---

① 赵静，闫小培. 城中村非正式住房的形成机理与管治——以深圳为例 [J]. 地域研究与开发. 2012，31
　（4）：86-91.
② 北京大学国家发展研究院综合课题组. 更新城市的市场之门——深圳市化解土地房屋历史遗留问题的经
　验研究 [J]. 国际经济评论，2014（3）：56-71.

图2 深圳白石洲场景
（图片来源：黄剑摄影）

不断的城市更新勾勒出动态的天际线，也呈现出城市生长的状态：一方面是不断生长的高楼大厦，另一方面也有一些日益老旧的社区，从而形成了非常鲜明的对比（图2）。这样两种状态共生在城市中，新与旧、正式与非正式相互补充。城中村为深圳超过一半的人口提供了住宿，正是因为这样的非正式城市聚落的存在，生活成本才会降低，无数的新移民才有可能在城市中落脚。

1.3 自上而下模式碰到的问题

深圳规划体系的建立在很大程度上学习了香港，从最上层的区域规划到总体规划和分区规划，再到连名称都直接使用的法定图则和详细蓝图（即控制性详细规划和修建性详细规划）等。这种自上而下、层次分明的规划体系为城市决策者提供了这样一个工作思路：先要有城市愿景，然后制定发展目标并预测可能的发展结果，再来制定行动计划和分配建设任务。这样看似逻辑合理的体系结构仅仅把规划作为可以控制城市发展的工具，却忽略了一些因素，一些构筑城市自然生长的基因，例如基地现状、人群需求、弱势群体和市场反馈等。如果这些因素没有得到充分的考虑，规划的实施就会遇到很多问题，这种情况已经反映在深圳近期的一些城市更新案例中，也让我们开始反思自上而下的规划方式的弊端。

例如在深圳市罗湖区湖贝村的城市更新中，有一片有500年历史的老村，但是开发商最早提出的城市更新方案里仅仅把村里面的祠堂认定为历史建筑。除了这个祠堂及其紫线保护范围，老村的其他部分包括三纵八横的格局，都被纳入可拆除重建的范围。如果真的这么进行的话，原古村大约 12000 平方米的面积可能最终只能保留 4000 平方米。正是这样一个有争议的方案，在 2017 年引起了深圳市历史上关于城市更新的最激烈的讨论，甚至很多建筑师自发组织起来为湖贝村的城市更新出谋划策，组织方案讨论，并提供更多的设计思路。由于民间力量的不懈努力，在与政府和开发商经过多次的沟通后，湖贝古村的三纵八横格局终于得以保留[①]。这个案例里出现的一种非正式的组织方式，其实就是民间力量参与城市更新的项目或讨论，从而自下而上地影响到城市更新的结果。

在当代中国城市化进程中，拆除重建式的城市更新规模是惊人的，对原有城市肌理的再建也是巨大的，伴随着的是对原有社会组织的重建，却往往会对其产生的社会影响欠缺考量。

另一个案例就是现在正在进行中的白石洲城市更新项目[②]。已经启动了好些年的这个项目在 2019 年中期突然加速，并通知部分区域的居民在 9 月底之前全部离开。虽然白石洲的大部分居民知道他们迟早要离开，但突然的通知让他们碰到了一个问题，就是很多居民孩子的上学问题。因为 9 月份恰逢开学季，如果他们离开，孩子就无法就近上学。而且因为深圳很多学校的学位相当紧张，通常需要在片区居住满一年后才能申请，所以他们搬到很远的地方后重新申请学位也来不及。由于城市更新没有提前预估到这些问题，可能会导致很多孩子暂时失学。

事情发生以后，居民开始上访政府以寻求解决途径，同时一些学术机构和民间组织也开展了社会影响评估和帮助行动。通过社会影响评估或关于失学影响和上学需求情况的调研，政府和社会公众可以清楚了解到在城市更新之后，有多少学生受到影响，受到什么样的影响。只有通过这样精准的调研评估，需要资助家庭的情况才能被准确定位，才能更好地让政府和社会来帮助这些家庭。可以看到，民间开展的社会影响评估其实对政府管理起到了很好的辅助作用，也对未来城市更新决策起到了很好的支持作用。

除了大拆大建之外，当前城中村改造也采用了综合整治的方式。特别是长租公寓得到政策允许后，很多城中村被翻新，然后以更高的价格出租，而原来生活在里面的人却被迫迁走。由于房租上涨，很多人也无法再搬回来。这样的做法虽然在短时间内

---

① O'Donnell, Mary Ann. Heart of Shenzhen: The movement to preserve "Ancient" Hubei Village [M] //Anastasia Loukaitou-Sideris, Tridib Banerjee. The New Companion to Urban Design, London: Routledge, 2019: 480–493.

② 2019年，白石洲拆迁而引发的上学问题最初由深圳卫视公共频道于7月1日、《第一现场》于7月3日在新闻中报道，《南方都市报》也于7月3日以《众"深漂"第一站将旧改，房东突然清租，租户们遇子女上学等难题》报道此事，随即多家大众媒体和自媒体在7月跟踪报道此事。微信公众号"白石洲小组"记录了社会影响评估调研及结果。

让市容环境得到一定改善，但是否有益于城市包容性、社会正义以及可持续发展，其实要打上一个非常大的问号。

综上所述，尽管在过去的十几年里市场主导的城市更新让深圳市拓展了更大的发展空间，但规模巨大的旧改项目所产生的问题也是并存的。其中，缺乏对原有城市历史文脉的慎重对待、缺少前期周全的社会影响评估、忽略城市居民的实际需求等问题在过程中都显露出来。这些都是深圳城市更新的困惑，也亟待更好的解决方案。

2　小美赛的缘起：双年展上的初次实践

小美赛第一期是在 2017 年举办的深港城市＼建筑双城双年展（以下简称"双年展"）期间发起组织的。那一届的展场选在了南头古城。它在历史上是一座边防要塞，但随着快速的城市化，这里逐渐演变成混杂着历史建筑、城中村、工业厂房的区域，街区环境日益破败。双年展邀请了本地知名建筑事务所"都市实践"对南头古城进行改造，改造动作相对来说也是非常轻的，并以"城市共生"为展览主题，先把关于城中村问题的讨论引入现场，然后再作长期更新改造的计划。从空间变化上看，改造工作似乎并没对社区有太大影响，但在布展、开幕式以及后期撤展的时候，引起了一些社会舆论，问题大多集中在这个展览到底对社区有什么样的影响，以及是否考虑到展览之后的社区未来发展等。

这些问题是非常尖锐的，也是传统城市建设容易忽略的，即在规划中太过于关注空间形式，而没有认真研究人的真实需求。建设项目开展前期缺少社会影响评估，实际就是缺少对人的需求评估，如教育、就业、生活、文化等各个方面的评估。只有基于人的需求而开展的建设项目，才有可能避免产生不良的效果。

基于这些考虑，双年展开展了"做课：跟 UABB 进村做点儿什么！"的公共教育活动。活动的目的是"邀请专业者和城中村关注者参与，跟随双年展进入南头古城，倾听了解南头古城居民的需求，诊断南头古城存在的问题，评估双年展对古城的影响，鼓励学员提出创新解决方案并支持学员付诸实施"。活动主题是"设计如何面对脏乱差老旧"，"脏乱差"也是回应了人们对自发形成的低收入社区环境的印象，而设计被当作一种工具或方法来解决问题。

小美赛的开展延续了"做课"活动，即通过把"做课"的调研成果整理成为设计任务，然后广泛征集设计师的参与，以竞赛方式得到创新设计方案，去尝试解决社区中的"脏乱差"问题。通过"做课"，以及与社区工作站的沟通和现场踏勘，若干个改造点被梳理出来。这些改造点大多是小型公共空间或"犄角旮旯"的闲置空间。设计师可以选择自己感兴趣的改造点，并提出设计概念。这些想法不仅仅是一些临时解决问题的对策，也会考虑介入社区的可持续性互动。但是，设计师进入社区本来就是一种挑战，因为传统设计方式是带有强烈个人意志的想象，被自我定义的理念所束缚，而进入社区后设计便带有了社会属性，需要以更开放的姿态与居民或用户进行协商，这样就要求设计本身具有一定弹性，甚至要把设计权力交付社区居民或用户。这种做法是对传统设计方式的批判，所以当小美赛组织设计师进入社区的时候，其实就是一次冒险（图3）。

相较于大拆大建的城市更新模式，小美赛的主张是采用微更新的方式进入社区，针对社区的具体问题开展点状的、针灸式的改造。之所以发起小美赛，有如下原因：一是尽管深圳在很多重要的项目中都采用国际竞赛的形式，而且也吸引了很多优秀建筑师，但民生类项目却缺乏优秀建筑师的参与，导致设计和建设品质不高；二是为了提高小型民生类项目的品质，应该吸引更多的优秀设计师为小项目出谋献策，但是缺

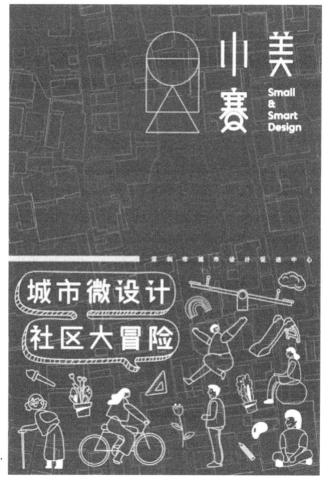

图3　小美赛宣传册封面
（图片来源：深圳市城市设计促进中心，
　　由 RISING 视觉创意工作室设计）

乏有效的推广宣传渠道；三是社区中有大量的环境提升问题急需设计资源的参与，但是缺少一座桥梁来链接社区和设计资源，因此需要把社区的一些问题整理出来，发动设计师的参与来寻找一些解决方案；四是深圳有不少年轻设计师，他们需要一个供需平台，有机会参与到社会实践当中。

顾名思义，小美赛是"小而美"的竞赛，是针对社区和民生类项目的微设计活动。它倡导"小即是美"的价值观倾向，从更小处着手、用更小的成本、用创新方式去解决问题。小美赛搭建了一个连接专业者和社区的平台，一方面为年轻的本地设计师创造参与社会化、民生类小型项目的机会，帮助政府找到高水准的解决方案，另一方面也使公众参与成为一种方法论，让社区需求及居民建议被充分纳入设计的过程中。伴随设计力量介入的是居民参与和居民议事，并培育社区自治能力，借助社区层面的微改造的触媒作用实现社会治理模式创新，让社区共治成为社会进步和城市文化认同的基石。

3 小美赛的工作机制和实践：设计进入社区的四次尝试

3.1 小美赛的组织和公众参与方式

迄今为止，小美赛已经举办了四期，都是由深圳市城市设计促进中心发起承办。"城促"正式成立于 2011 年，是担负"城市设计创新的推广促进工作"的事业机构。在当时由政府规划管理部门成立这样一个"致力于整合政府、企业和设计资源并力图以创新的方式改善现状"的事业机构①，在全国还没有先例。"城促"成立之前，深圳市已于 2005、2007、2009 年成功举办了三届深港城市＼建筑双城双年展（从 2007 年开始深港合办），但是政府和市场的二元角色之间除了这两年一度的展览之外，缺少一个提供更丰富的服务及开放合作的设计交流平台。于是，创办一个公共非营利机构的设想最终在深圳市公共艺术中心（深圳雕塑院）下面挂牌成立，"城促"与深圳雕塑院、深圳城市＼建筑双年展组委会办公室形成业务支持、资源互补的单位架构。

作为机构，"城促"本身就是一个创新尝试，一方面它是政府规划管理部门的延伸，另一方面其职能又有别于行政管理，起到整合资源、搭建桥梁的作用。由于举办机构的角色特殊性，小美赛的策划组织得到了一定的政府资源和资金支持。但是，规划管理部门在社区项目实施上能够给予的支持是有限的，如果项目想要落地，小美赛还得寻求多方合作，特别是街道和社区层面的支持，这在工作机制的设计上是需要考虑的。

---

① 深圳市城市设计促进中心网站. www.szdesigncenter.org/about_us.

除了第一期南头古城，其他各期小美赛都是由"城促"来策划和组织前期设计工作，然后由街道办事处或者社区来负责工程实施，当然整个过程都开放给社区居民参与。公众参与是小美赛的主要工作方式：首先会开展需求收集，整理居民的需求清单，根据情况邀请居民投票，然后将最迫切的需求作为设计任务发布；当设计方案完成后，会先举行专业评审，评选出优胜设计方案后，设计师走进社区向居民讲解设计方案，专业评审对设计方案提出的意见供居民参考，居民投票来决定最后的实施方案；进而由街道办事处和社区工作站负责实施，部分工程也可交给居民参与建设，在社区环境中留下自己的独特印记；最后是项目落地后的公众评估，对使用者的满意程度进行调研，如果项目不符合要求或者使用者又提出新的需求，则转变成为项目的新一轮设计任务（图4）。这种工作方式其实是在建立一个社区内部的循环，评估结果可以反馈为新的需求，并重新开始项目设计和建设实施的工作。这种动态的良性循环也是社区规划的理想状态，即在专业者参与引导的同时，最重要的是社区群众能够自发参与，并更加主动、持续地关心社区公共事务[1]。

另外，我们也希望小美赛的模式是可以被复制的，不仅仅是工作流程可以在不同社区操作，而且通过小美赛收集到的很多创新解决方案也可以制作成产品，不断地循环使用或者生产。比如在南头古城的项目中，设计师提出一个晾衣架的方案，这个装置既可以让居民用来晾晒衣服，也是一个儿童的游乐设施（图5）。虽然这个方案最终没有落地，但是这个想法和产品完全具有可复制性，可以在别的社区尝试。如果这些想法被收集起来，可以形成一个案例库，作为其他社区进行改造的参考，也可以放在社区展览，所有居民可以参观，看看各种各样的社区提升可能性，也可以为未来的社区改造提供建议（图6）。

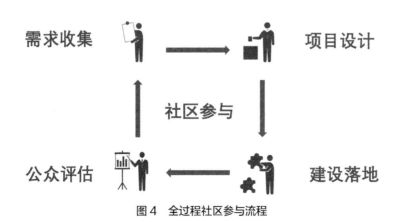

图4　全过程社区参与流程

---

①　尼克·华兹，查理斯·肯尼维堤. 社区建筑：人民如何创造自我的环境［M］. 谢庆达，林贤卿译. 台北：创兴出版社，1993.

图 5　小美赛第一期获奖方案
（图片来源：深圳大学本原设计研究中心）

图 6　小美赛参加 2017 年深港城市 \
建筑双城双年展
（图片来源：深圳市城市设计促进中心）

3.2　焕然"立新"的公共空间改造

　　小美赛第二期于 2018 年初在罗湖区的立新社区举办。立新社区位于东门街道，大量第一批改革开放后来深的建设者居住于此，是一个临近老商业中心的大型社区。由于建设年代早，大多数业主已经搬离，房子很多出租给在东门做生意的商贩，人口流动性大，环境日益衰败，社区归属感较弱。这期小美赛非常特殊，因为立新社区已经在罗湖区民政局和东门街道办事处的指导下，通过引入"罗伯特议事规则"选举产生了社区居民议事会（图 7）。正是这样的议事机制的建立，使居民形成了一定的参与意识，让我们与居民的前期沟通相对比较顺畅。小美赛的前期需求调研与居民议事会的工作相结合开展，并通过较为成熟的居民议事会机制筛选出居民所需，让设计与实际问题充分结合。

图 7　小美赛第二期工作坊
（图片来源：深圳市城市设计促进中心）

（1）人民小学校门口

人民小学南侧的校门和立新社区的交会处，空间比较狭小，一到放学时间便人群聚集，存在行人安全隐患。在放学时段过后，社区里的长者们喜欢在校门前的大榕树下乘凉聊天，但是包裹树池的水泥石板被发达的根系撑破，来来往往的居民容易磕碰受伤。如何以这个大榕树为中心，在解决校门拥挤问题的同时改善居民休闲聚集的场所呢？

设计团队为确保收集到尽可能多的居民意见，每周四在社区驻点举行非正式沟通会，邀请对改造项目感兴趣或是有修改意见的居民一起交流。方案经居民议事会、社区工作站等多方协商，数次深化修改，最终因人民小学另有改造计划，设计方案简化为对改造地块中最重要的元素——大榕树的树池进行改造。尽管方案的面积一再缩小，设计师仍然希望更多的居民能参与这个面积虽小但人气旺盛的角落的改造。设计师在社区内组织了一场鹅卵石绘制亲子活动，将孩子们的鹅卵石彩绘作品放进新的树池中。这个树下空间未来还是一个公共场所，但它承载的不仅仅有社区活动，还有社区记忆（图8）。

（2）社区服务中心入口

居民频繁出入的社区服务中心一楼入口环境破败，无障碍设施不完善，木质铺装腐烂，容易藏污纳垢、滋生蟑螂老鼠，导致无人使用平台空间。

设计师根据设计规范，重新安排入口阶梯，设置人行流线，增加了无障碍通道和一个单独的活动平台，并在其中放置休闲设施及座椅，为居民提供了休憩及活动空间（图9）。

改造前 改造后

图8 人民小学改造前后对比

（图片来源：深圳市城市设计促进中心）

改造前　　　　　　　　　　　　　　　　　改造后

图 9　立新社区服务中心门口改造前后对比

（图片来源：深圳市城市设计促进中心）

（3）凉果街 2 号大院闲置空地

在立新社区的凉果街 2 号大院中有一块位于化粪池之上的闲置空地，空地对面是一块小型绿化带，因缺乏养护而杂草丛生，蚊虫滋生，可供活动的公共空间不仅被浪费了，也对居民的生活造成了困扰。在社区内及周边缺乏活动区域的情况下，居民希望在这两个地块上提高空间利用率，增设健身或儿童游乐设施。

设计师以轻改造的方式解决现有问题，其方案通过一根简洁的“纽带”回应场地，老社区的“旧”生活场景与“新”的场景被这条“纽带”联系在一起。方案将台阶、休闲桌椅、照明等功能复合于一条 0.6 米宽、0.2 米厚的线性装置上，挡车桩同时被用作“纽带”的支撑桩。同时为解决化粪池的危险问题，围绕场地的“纽带”装置也成为隔开化粪池和活动空间的栏杆（图 10）。

改造前　　　　　　　　　　　　　　改造意向图

图 10　凉果街 2 号大院闲置空地改造前和改造意向图

（图片来源：深圳市城市设计促进中心、壹工作室）

3.3 龙岭社区的城市微设计

小美赛第三期于2018年初在龙岗区的龙岭社区举办。龙岭社区属于混合式社区，其中龙岭新村为城中村，龙岭山庄为花园式小区，荣华楼及祥发楼片区组成了布吉街最繁华的商业地带。吉华路布吉医院公交站设置于此，人流量密集。虽然经过综合整治，社区内环境已有了较大的提升，但公共空间数量少，而且空间利用率低，步行系统不连续，人车混行是社区内的主要问题。龙岭社区所在的布吉可能是深圳密度最高的区域，如何提升社区内公共空间品质是这期小美赛关注的重点。

（1）龙岭学校门口交通梳理

龙岭学校的校门位于龙岭双号路与龙岭北路的交会处。从这个拐角开始，龙岭北路的西侧被停放的车辆占据，东侧也没有连贯的人行道。由于高差，商铺门前的平台呈阶梯状向上，互相并不连通。因此这里的人行系统处于不连续、人车混行的状态。学校门口每天在上下学时间段总是挤满了等候的家长和来往的学生，车辆往往是在人群的裹挟下前进，存在非常严重的安全隐患。

设计方案首先对人行系统进行修复和连接，主要体现在将龙岭北路西侧被车辆停放占用的空间改造为人行道。老旧社区改造项目中的一大难点就是停车，拓宽人行空间会造成停车位的减少，但如不这么做，对于大部分的居民，尤其是学生与家长来说，步行空间的缺失又无法保障他们的日常安全。要解决这个矛盾只能通过不断的宣讲和沟通，最终在尽可能减少对停车位数量影响的前提下，人行道的改造方案得以通过。改造后，双号路的人行道、斑马线与龙岭北路新增的人行道之间形成了一个连续的人行系统。此外，在校门周边人行道上方增加了雨棚，家长在等学生放学的时候就有了遮阴避雨的地方（图11）。

（2）社区游乐场

改造前　　　　　　　　　　　　　　改造意向图

图11　龙岭学校门后改造前和改造意向图

（图片来源：深圳市城市设计促进中心、谢菲实践家）

图 12　社区游乐场改造意向图

（图片来源：谢菲实践家）

龙岭社区的嘉丰园超市旁有一小块公共空间，上面设置了些儿童游乐和居民健身设施。但是可供居民休憩活动的空间本来就不大，还被分割成更加细碎的区域，空间利用率较低。

针对这个情况，设计师提出整合场地内的碎片空间，形成统一、整体的休憩场地，并重新规划康乐设施。为了将儿童游乐场与车行道隔开，结合座椅功能在场地外围修建了护栏，让家长休息的同时能够看护孩子，大大增强了安全性（图12）。

3.4　梅林行动

经过了三期的探索，小美赛在各个社区取得了一些实际的工作进展，很多微改造项目也陆续落地。但在项目推进过程中，有些问题也暴露出来，包括组织单位"城促"在项目的后续阶段跟进力度不够，导致项目实施走样等。

由此，小美赛第四期在2019年初来到福田区梅林街道的梅丰社区，也是"城促"办公所在的社区。梅丰社区地处福田区的北部，主要由城中村、老旧住宅和工业区等组成，功能混杂，城市建筑老化，空间品质不高。虽然近期的一些城市更新项目带动了部分区域的面貌改善，但是老旧社区的普遍问题仍得不到很好的解决，形成了大量的"城市盲区"。

竞赛地块位于福田区中康路和北环路交会处，这里每天都有大量的人流通行于天桥以及公交站。场地本应服务于周边市民，但由于产权原因闲置了近20年，没有发挥城市绿地的公共服务功能，这成为周边居民一直以来的心结。经过梅林街道办事处的前期沟通，各方达成统一意见，将该地块改造为梅丰社区创意小公园。为了保证充分的公众参与和专业指导，小美赛首次采取了街道办事处、社区居民、"城促"、设计师以及第三方顾问五方参与模式，这五方各司其职、相互督促，也是社会创新项目的一种新模式。第三方顾问涵盖城市设计、建筑设计、海绵城市、公益组织、公共艺术、景观园林、都市农业、绿色环保等领域的专家，通过参与工作坊，既为居民提供了专业的参考意见，也协助设计师推进项目。

优胜方案"社区活化器"以生态、开放、系统为设计原则，对场地现有条件和建设需求进行了系统的梳理，将场地设计为一个让居民可以安全舒适归家的社区公园，同时在场地中置入儿童游戏场地、文化展示长廊及慢跑道等多元的休憩娱乐场所，使封闭的荒废地转变为活化周边社区的城市公园（图13）。

在竞赛过程中，设计师也开始研发一些社区互动工具，例如可拆卸的沙盘——一款针对项目多种可能的拼图游戏，供居民讨论的时候使用。居民一般缺乏专业知识，通过这样的工具他们便可以参与到设计当中，表达自己的需求。这个想法重新解读了"小而美"项目的实践性和探索性特点，以及变结果导向为过程导向的设计方法——没有提供任何方案，而只是提供针对性的选项，留给各方参与讨论和探索。建筑师去专业化、和项目各个相关方共享设计决策过程，从而形成一个"共建"的机制，让共同参与成为社区营造的基础。设计师在向居民表述方案时，得到了热烈的现场反响，他们希望这会成为一个对所有社区营造项目有借鉴意义的设计实验（图14）。

改造前　　　　　　　　　　　　　　　　　改造意向图

图13　梅丰社区创意小公园改造前和改造意向图

（图片来源：深圳市城市设计促进中心、深圳市自组空间设计有限公司）

图14　梅丰社区创意小公园设计工作坊

4　工作总结和反思

综上所述，在过往小美赛的实践中，我们尝试用不同的工作方式进行探索。第一期在南头古城，尽管有了前期的需求调研，但为了配合展期，设计方案没有和居民进行充分沟通，而且缺乏决策的主体，导致一些地块无法落地实施；第二期在罗湖区的立新社区，虽然有议事会的居民参与决策机制，能较为充分地收集设计需求，但议事会并没有被赋予足够的权力，落地方案较难贯彻执行；第三期在龙岗区的龙岭社区，由于有社区工作站的强力推动，项目落地较快，但遗憾的是居民的实际诉求仍没有得到很好的体现；第四期在福田区的梅丰社区，由于历史遗留原因，改造的需求非常迫切，居民齐心协力，街道办事处秉承开放参与的积极态度，社会组织及专家等专业力量也共同参与前期策划，形成了较为理想的工作机制。

近年来，为实现由"深圳速度"向"深圳质量"的转型发展，深圳市持续推动城市品质改善提升工作。而改善提升城市品质，除科学规划、高质量建设之外，最重要的就是不断提升城市管理的精细化水平。社区作为城市的细胞及重要组成部分，其建设质量的高低直接关系到城市品质的高低。作为一种社区规划的非正式形式，小美赛已经实践了四期，它更重要的意义是开始影响到规划师、建筑师的工作方式。很多建筑师开始运用公众参与的方法介入社区设计中，例如在梅林街道的另一个非常破旧的老社区改善工程里，设计师最早提出的方案就是很简单地用一些彩色涂料进行粉刷改造，但由于没有征求社区意见，人们发现这种改造并没有起到真正的作用。后来，通过小美赛牵线，借助学校支持，建筑师先从社区的需求调研开始，使用插旗法、面对面座谈等具体的研究工具，让社区的意见得到充分表达，并将改造需求进行优先排序。所以，当设计师采用这种社区参与的调研方法后，最后结果是非常不一样的（图15）。

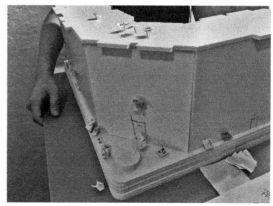

图15　梅林街道下梅林肉菜市场综合楼改造调研

(图片来源：营加设计)

基于不断的反思和总结，我们形成了"城市微设计 11 步"[①]，作为小美赛的基本工作方法，也是深圳的一种城市微更新模式的经验总结。具体而言：第一步，开展现状调研评估，除了梳理物理空间条件和社区资源以外，还需要从使用者的角度出发，了解居民意愿和整理公共需求，并协调相关利益；第二步，通过开放工作坊，鼓励多方主动参与调研，并发现社区问题，同时明确改造经费来源，梳理改造需求的优先顺序；第三步，将社区需求转变成设计任务书，发布竞赛公告，征集方案；第四步，开展设计工作，同时需要平衡居民个人利益和公共诉求，考虑安全性及后期运营难度，可使用开放参与的工具，尽量以居民看得懂的方式沟通；第五步，举办专家评审会，但是专业意见并不代表最终决定，还要有更科学的评判标准和决策流程，充分考虑居民意见；第六步，在居民中引入议事规则，有序推动共同参与，通过各种方法与居民沟通，包括现场宣讲、互动模型、方案公示、微信群、网络调查表等；在第七、八步的设计深化和落地实施过程中，邀请有工程经验的建筑师参与把关项目实施，以保证施工质量，如有可能，邀请居民共同参与项目的设计和实施；第九步，考虑后期运营维护，尽量让社区自发参与，既能降低成本，也可逐步增加归属感；第十步，要有好的跟踪评估机制，才能不断地对设计进行优化；最后一步其实是流程闭环，通过一系列的社区环境改善工作，提升居民的认同感和参与度，形成持续的社区营造活力。往期的经验，让我们认识到标准的工作流程目前还难以设立，仍然要在开放的基础上继续不断地摸索和改善，为深圳社区找到"小而美"的更好的解决方案。

总而言之，小美赛可以被视为一种新的城市设计方法。通过非正式的社区规划组织，在社区搭建各方对话合作平台，街道办事处、社区工作站、社区居民、设计师及第三方社会组织在过程中全力协作、发挥作用，从前期实地调研出发，帮助居民梳理社区需求，采用"一点一策"的方式，让设计方案针对使用者的需求，点对点地为社区居民解决实际问题。我们也希望竞赛组织可以逐步培育社区自治能力，以"公众参与、居民议事"的模式贯穿全过程，提高居民对社区共建的参与度。作为一个开放平台，小美赛也起到培育行业新锐的作用，很多优质设计力量被引入社区，同时提升了改造项目的落地品质。当然，小美赛的组织形式还在不断探索中，或许它可以成为"试金石"，为社区规划的模式提供更多的思路。

---

① 参见深圳市城市设计促进中心编著的总结性宣传册《小美赛：城市微设计，社区大冒险》。

参考文献

[1]尼克·华兹，查理斯·肯尼维堤．社区建筑：人民如何创造自我的环境［M］．谢庆达，林贤卿译．台北：创兴出版社，1993.

[2]O'Donnell, Mary Ann, Wong, Winnie & Bach, Jonathan, eds. Learning from Shenzhen: China's Post Mao Experiment from Special Zone to Model City [M]. Chicago: The University of Chicago Press, 2017.

[3]O'Donnell, Mary Ann. Heart of Shenzhen: The movement to preserve "Ancien" Hubei Village. [M]//Anastasia Loukaitou-Sideris, Tridib Banerjee. The New Companion to Urban Design, London: Routledge, 2019: 480-493.

[4]深圳市城市设计促进中心．小美赛：城市微设计，社区大冒险［R］．2019.

[5]赵静，闫小培．城中村非正式住房的形成机理与管治——以深圳为例［J］．地域研究与开发，2012，31（4）：86-91.

[6]北京大学国家发展研究院综合课题组．更新城市的市场之门——深圳市化解土地房屋历史遗留问题的经验研究［J］．国际经济评论，2014（3）：56-71.

桃园：参与式社区规划师的制度建构与实践经验

王本壮　江淑绮

1　背景

　　1994 年，"社区总体营造"的启动促使市民社会的萌芽带动了社区营造作为城市发展策略基础的可能性。再加上自 20 世纪 80 年代开始执行的都市设计审议作业也逐渐成熟稳定，辩护式规划、参与式设计等强调多元参与的口号震天价响。行政部门顺应这股潮流趋势，开始启动研拟"创造城乡新风貌计划"项目方案。1997 年，"城乡景观风貌改造运动实施计划"制定完成，以"创造具有文化、绿意、美质的新家园"作为改造目标与行动口号，并于 1999 年开始推动实施。计划的目标在于运用社区营造的理念，通过城乡地貌的改造，促进民众生活质量与品味的提升，从硬件层面推动社会发展与转型。

　　要特别强调的是，城乡风貌计划并不是一个以传统地方建设改善为重点的计划，而是以物质性环境工程改造为形式、以社会经验与价值转变为内涵的"生活改造运动"。其中，为了落实以社区营造的精神带动民间自发参与社区环境改造的具体行动，行政部门将推动建立"社区规划师制度"作为重要的实施项目，积极鼓励各级政府相关部门协助基层社区，提出长期发展愿景和整体公共环境的改善计划，避免其局限于单点式或仅解决个别问题的断面式思考。并借由行政部门、专业团队、社区组织，与社区居民们的相互学习、共同参与，实现一种以公共利益为核心的共同意识，创造更美好的社区生活环境。

　　"社区规划师制度"事实上就是在"造人"（人才培力）的基础上进行"造景"（景

作者简介：王本壮，台湾联合大学建筑学系教授；江淑绮，社团法人，台湾社区培力学会执行长。

观改造）的工作。以"民众参与"及"由下而上"的主要精神，让居住在社区的居民在行政部门与专业团队的引导与协助下，自发性地学习与实际参与社区环境改造的工作，承担"社区规划师"的角色，建立双向协力的"伙伴关系"，促成社区居民与行政部门齐心合作，使生活环境美化、生活质量提升、产业经济复苏，以及社区活力再现。

2　制度总体概况

桃园市自 2002 年开始推动"参与式社区规划师制度"，逐年配合上级行政部门的"创造台湾城乡新风貌"政策方案的补助，自筹编列市政府预算执行"桃园市社区规划师驻地辅导计划委托服务采购案"。经由公开招投标的过程，委托相关专业团队于市政府所辖 13 个行政分区内推动社区规划师的培训与驻地辅导基层社区自治组织进行生活环境改造的工作项目。

自项目推动以来，每年都有近百人完成社区规划师的训练课程，并执行超过 20 项的小型驻地计划。为了项目的有效推动，桃园市也参考其他县市的模式，依据自身状况，设置社区规划师项目辅导团队，作为咨询、辅导与协助资源分配的中介平台。并在市内的各行政分区设置地方工作站，以就近辅导社区、协助咨询，为社区民众参与环境空间营造打下良好的基础。[①]

桃园市更从全市的视角，进行整体的城市硬件项目规划与执行工作。例如，从 2011 年开始推动的 5 年计划，以"推动永续社区：在低碳世界中实践永续发展"作为社区规划师制度的执行重点，并期望将桃园市社区规划师的培训、考核、回训，以及地方工作站的服务、整合等机制作通盘的检讨与改善，以 5 年的时间，建立更长期稳固的推动机制，落实在地参与。

从过去的脉络来检视，桃园市推动社区规划师计划的重点是将社区规划师与社区治理作更紧密的结合，进而落实社区规划师驻地参与的机制；并希望经由计划培育出具备热情与在地关怀的社区规划师们，能够带动社区居民主动发掘社区环境议题，参与公共空间改造活动等具体行动，进而凝聚社区意识，形塑对于周遭环境的参与感及关注力；让社区规划师成为民众与行政部门间沟通的桥梁，创造更多居民参与居住环境及公共空间改善的机会，唤起社区居民的在地意识，共同营造自己的家乡，为桃园市寻找更多社区风貌营造的活力与契机。

此外，接受政府委托的专业组织则组织青年人才，活用经验及技术，由点至线再

---

① 　参阅2014《桃园市社区规划师驻地辅导计划委托专业服务劳务采购案服务建议书》。

到面地建构成一张绵密的人才网络，并串联社区营造工作者及社区志愿人士，实现社区人才培育、学术研究与实务推广，从而对行政部门提出相关政策建言，推动整体社会的进步与提升。这类专业组织的团队成员多具有长期投入社区及在地文化辅导等相关工作的背景经验，例如地方文化馆辅导团、社区营造中心、雇工购料项目小组，以及文化服务替代役培训中心计划等，近年更有在农村实际执行再生培根计划辅导工作的能力。

总结这些团队的运作特点包括：① 作为在地性的专业团队：聘用在地青年，担任项目专职工作人员；计划主持人与辅导顾问长期陪伴，提供咨询服务；掌握地区性质，打造县市城乡风貌特色。② 资源整合利用，经营社区规划师实现梦想的基地。③ 突显计划成效，提升社区规划师的专业与能见度。

桃园市社区规划师制度的运作有赖于相关行政部门、社会组织、民间团体及全民的共同参与合作。一方面，在社区规划师制度运行中，"人"一直是最主要的关键因素之一。通过沟通与协调的方式，促使"人"的根本问题解决之后，社区规划师政策的推动方能达到事半功倍的效果。因此，需要基于社区营造的理念，促使民众参与，并结合专业工作者，共同拟定关系社区生存发展的社区愿景规划。另一方面，从相关法令及制度层面着手，研究改善路径，辅以对相关土地使用、土地经济，及环境资源运用等可达成区域发展目标之上位计划的整体考虑，并与各有关单位产生良性的互动，相信可以有效改善居住环境，提高生活质量，满足精神与物质的双重需求。

而制度的建构，在于激励空间专业者走入社区，并与社区结合，借由具有奉献热诚、熟知地区环境情境的空间专业者与团队，协助社区民众，提供有关建筑与公共环境议题的专业支持，从而提升社区公共空间质量与环境景观。此外，更要积极地配合政府各单位的施政方向，结合公、私部门的资源，整体有效运用，共同为社区的明日美好愿景而努力。

3 制度的推动愿景与总体策略

3.1 推动愿景

鉴于上述内容，桃园市参与式社区规划师制度更重视培训社区规划种子人才，进而丰富社区规划师协力资源，以利共同参与。一方面，以既有社区规划师为强化辅导对象，开设课程并提供更多实作机会，加强既有社区规划师的实务操作能力。借由社区自主的环境改善意愿，结合社区规划师的专业协助与咨询服务，延续并扩大办理提案甄选计划，共同达成社区改善的目标。另一方面，通过种子居民的培训，整合并发

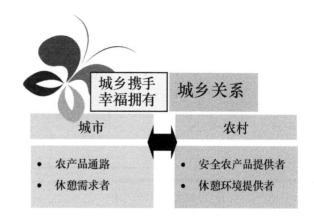

图1 桃园市参与式社区规划师制度推
动愿景示意图

掘示范社区的自然资源及文史、民俗等资产，汇集地方意见及问题，增加社区扰动[①]与成长空间，深化社区营造的精神与核心价值，将社区营造的"制度""信息"与"行动"，通过网络的联结与居民同参与，让社区更具特色。

同时，扶植社区永续经营，建立社区组织与行政部门的联系机制，借由社区规划师与地区居民多元、互动的沟通方式，彰显社区意识，进而提出社区环境营造的整体规划，改善生活质量。并且对城、乡生活的差异性进行更细致的检视——差异就是特色的根源，城市或乡村各自拥有特色，也应相互依存扶植（图1）。

桃园市社区规划师制度推动的愿景，是以"城乡携手、幸福拥有"为目标，期望结合城、乡两者的软硬件建设资源，以遍地开花的形式，创造县市的城、乡双赢幸福生活。

3.2 总体策略

为达成目标，其所需深究的总体策略简述如下（图2）。

① 执行方面：有效运用在地人才，带领周边社团组织，并鼓励城、乡社区组织建构居民自主推动的机制与自我学习成长知学合一的模式。

② 行动方面：以激励社区民众共同参与为核心，强化区域分区中心运作机制，集结专业组织与社区群众的力量，形成紧密不可分的团队，创造社区间的跨域合作。

③ 创新方面：从在地的社区议题入手，在共识建立的过程中，创造社区文化生活空间改造新典范。以社区日常性的生活空间模式，塑造独特的地方生活空间风格，整体提升与再造生活环境的魅力。

④ 永续方面：普及减法设计理念，树立并非增加空间就是好的观念，通过适当减去多余的空间，除了可以让生活质量有所改善，亦可让环境可持续经营。

① "扰动"本意为纷扰、动乱，典出《东周列国志》第43回。在此为台湾地区推动社区营造的惯用词汇，意为在老旧固化的社区内产生创新行动，改变社区惯性，提升居民参与，以达成社造目标。

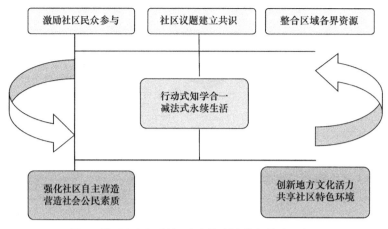

图2　桃园市参与式社区规划师制度执行策略示意图

3.3　年度工作内容

为了配合达成参与式社区规划师制度的愿景目标，确定年度主要工作内容如下[1]。

① 办理社区规划师回流教育：持续开设学习课程，让以往所培训的社区规划师持续保有相关的精神态度并精进本职学习能力。通过"双向媒合机制"[2]让社区规划师进入社区，共同提出年度的社区环境营造提案项目，建立起社区规划师与社区组织间的链接互动机制，并促成社区居民自主运作。

② 深化"走动式辅导讲师专业培力团队"：邀请具有实务经验的社区规划相关专业讲师，深入社区进行辅导与咨询服务，协助社区公共空间议题的发展与更深入的认识和实际操作。

③ 持续推动"主题式人才培训工作坊"：落实分级分阶，避免过度动员社区人力及资源重复浪费，提供社区在人才培训课程"做中学、学中做"的方式。

④ 推动建立社区可持续的生活文化空间：支持"社区规划师工作团队"工作内涵的深化与多元化，并通过社区间的交流、访视及工作坊，讨论"人文、社会福利、产业、治安、生态、景观"等议题，传递彼此的经验，互相学习。

关于上述工作内容的具体细部执行规划与实施步骤见表1。

---

① 参阅桃园市历年《社区规划师驻地辅导计划委托专业服务劳务采购须知》。
② 经由社规师辅导团的引介，让具有专业能力的社区规划师与社区通过相同的议题一起合作。例如具有景观专业的社区规划师通过"媒合"协助想要推动社区花园的社区执行相关工作。而"双向媒合"的过程就是行政部门、专业者与社区居民共同参与的过程，也是桃园市的"参与式"社区规划师制度的重要机制之一。

桃园市参与式社区规划师制度推动工作项目及内容说明　　　表1

工作项目	内　容　说　明	
1. 成立社区规划服务中心（项目管理中心）	（1）筹组服务中心： 　人力配置应含计划主持人1名及专业辅导老师5人以上，且应具备社区营造、教育训练及工程执行辅导的专业能力，其中辅导老师勿与本项目执行团队人员重合。 　另设置咨询老师团队，聘请具备社区营造与规划、景观设计与规划、环境教育、湿地调查与复育、文化资产保存、艺术美学等相关专长领域的专业人员担任。 　辅导老师需拥有从事该领域的专业实务经验，或于国内外大专院校从事教学、研究、实务工作。 　其组成方式由计划主持人、相关学术团体等各方推荐，以上皆须经计划委托单位认可后才予聘任	① 计划主持人1位：设置专业辅导团队并推派代表1人为计划主持人，由熟悉本市社区规划师制度发展的专家、学者担任。 ② 专业辅导级咨询师资团队：辅导老师至少5人以上。负责带领指导本计划提案的辅导与落实，工作内容包括：社区规划相关辅导协助工作，及所有参与执行社区各式成果的行政勘验（包括社区培训课程、执行实务工作坊成果勘验及报告书制作）。 ③ 咨询团队老师若干：负责社区规划师相关课程授课与日常的在线与现场的咨询服务。 ④ 项目管理执行人员2位：熟谙计算机操作的项目管理执行人员，名单须提报计划委托单位核准，派驻于社区规划服务中心，协助推动社区地景改造相关业务，包括了解地区需求、实施进度与问题管理、需求转介、现地辅导、监督社区规划师和地方工作站制度运作等
	（2）建立专属社区规划师信息交流平台网站： 　在计划执行期间，建立和维护专属网站，记录培训课程、实务工作坊、活动与社区提案操作的进度数据与成果（文字与照片）	① 联结顾问师资团队的个人博客、社区规划师博客、各社区博客以及相关单位网站，形成社群网络，加强社区资源的联系。 ② 通过网络交流模式，宣传本市社区营造经验与成果，并能主动提供国内外相关社区营造信息、留言板，让学员在学习过程中进行网络交流与经验分享。 ③ 安排驻站人员，随时协助解决问题或传达问题。 ④ 规划双向媒合平台，让社区与社区规划师的媒合网络化，通过社区资源数据库的整合及建立，让有规划需求的社区借助网站即可寻求到适合的社区规划师，并建立可相互联系的沟通平台
2. 社区规划人才培训课程	（1）招生渠道	① 为达到社区规划师的培育目的，培训的招生对象鼓励面向空间专业者、基层社区与公教文化人员。招生渠道包括：本市各景观与建筑师事务所、建筑师工会、大专院校建筑与空间设计科系、各区公所、社区及文化组织、各级学校、在职或退休之公务员等。 ② 由热心社区事务的地方人士自由报名，或由各区公所、社区发展协会推荐适当人选。办理培训招生宣传活动，包括召开说明会及制作宣传海报
	（2）课程规划： 　本社区规划人才培训课程须以"社区规划人才培训课程"及"社区规划实务工作坊"两部分为必修课程，两部分课程总课时数至少达到120小时。	① 从过去闲置空间的绿化、美化，进阶到以街廓为提案范围，并提出串联绿网的概念，强调环境空间规划及空间尺度概念的培训课程。 ② "社区规划人才培训课程"及"社区规划实务工作坊"两部分为必修课程

续表

工作项目		内　容　说　明
3. 社区环境空间营造实作	（1）提拟社区环境空间营造案件基地甄选办法	① 为落实推动具有本市特色的可持续社区改造工作，特编列社区辅助专项经费。 ② 本项工作预算需编列至少占签约总金额的70%，且提案申请案件应达一定数量，协助社区进行环境空间营造与施作①
	（2）办理潜力社区辅导及咨询作业	① 社区规划服务中心与辅导师资团队在提案阶段与运行时间需协助社区规划师，参与社区拟定具有一定质量、可执行的计划，并协助落实，且主动提供相关问题的参考资源。 ② 每个社区单位搭配 1～2 位社区规划人才（根据参与社区规划人才数目进行适配），并建立各社区单位和社区规划人才报名参与、媒合及进退场更换等机制
	（3）评选及雇工购料实作（社区规划实务工作坊）	① 由参与社区单位自主研拟社区施作计划及预算书、图等细部计划后，经由提案审查评选并通过后，以辅导为主、考核为辅的方式，鼓励社区规划师带领社区居民投入规划，以执行社区雇工购料实作等作业。 ② 结合社区规划人才培训课程开展"社区规划实务工作坊"
	（4）历年环境空间营造实作检视分析，并研拟营运管理及考核评鉴机制	针对历年社区规划师驻地辅导计划曾经有经费补助与辅导执行过的实作提案，持续协助社区进行现况维护与需求分析。并研拟适当的后续维护营运管理及考核评鉴机制，以利可持续的运作
4. 年度成果交流	（1）年度社区规划成果展	以社区规划师及年度参与社区单位为对象，包括成果展筹备、场地及棚架等租借、各式展板制作、所需相关文宣等印制、成果展影像纪录、餐点及保险等相关作业与所需费用，上述作业项目内容皆需与计划委托单位研商，经同意后始可进行
	（2）年度社区优良社区案例参访	规划 2 日型参访活动 1 次，对象为年度参与的社区伙伴、社区规划人才，于邻近先进社区进行参访观摩，学习成功社区案例的经营模式和课题发掘。同时与行政机关进行意见交换，让社区规划师了解公共部门的政策方式，从社区规划师角度提出具体可行的改进建议，彼此形成正向共同成长的模式
	（3）年度成果文宣手册制作及印发	编印社区规划师年度成果汇编专辑。相关编制内容及规格，应视社区年度施作成果，并与计划委托单位研商，经同意后始可印制，将所有手册的电子文件转录并转交委托单位，上传至本市社区规划师网站，供民众阅览及下载

---

① 政府采购委托服务的总经费需编列70%以上的预算用以提供社区规划提案的硬件改造费用。

4 制度的实践形式

桃园市工商业发达，投资环境优良，经济成长快速。多年来人口大量迁入设籍或就业。截至 2019 年 9 月底，全市人口达 224 万，总活动人口估计达 250 万人以上，其中外籍劳工人口高达 9.7 万余人，为全台之冠。桃园市早已成为最具全球化及多元族群融合的快速成长都市区域，且人口平均年龄只有 37.5 岁，是全台最年轻、最具活力且潜力无穷的城市。

4.1 应对特色化城乡风貌，引导多元操作模式

桃园市根据地理区位及区域风貌，划分为南桃园、北桃园、滨海、原乡等 13 个行政区，桃园市景观总顾问计划中将其定义为滨海绿廊、客家文化、都市平原、北横绿境等特色生活圈。我们认为，在社区规划师计划所辅导操作的环境空间尺度下，不仅要顾及上述的区位特性，更要依据所在地域的形态加以指认，而后导入适合的操作观念、课程、施作等社区规划工作。

依据社团法人台湾社区培力学会接受桃园市政府委托的"桃园市文化创意产业研究发展计划"，梳理桃园市各区社群与空间特色议题如表 2 所示。

桃园市各区特色议题摘要表 表2

行政区	社群与空间所产生的议题
桃园区	① 空间改变社群关系，高楼大厦快速林立。 ② 环境质量急速下降，公共设施不足与交通问题
中坜区	① 外籍劳工与大专院校学生等流动人口多。 ② 区域空间发展悬殊，公寓大厦等新型聚落多
平镇区	① 主要都市区域发展饱和。 ② 房地产开发造成隐忧，尤其是与外籍劳工群租问题联系
八德区	① 新旧社区发展不均衡，且公共设施普遍不足。 ② 未开发区环境管理问题
大溪区	① 高速公路通车带来大量人口与社群改变。 ② 观光旅游造成环境质量下降与产业空洞化
杨梅区	① 原住民生活质量有待提升。 ② 传统聚落受产业没落影响，生活机能与文化特色消逝
芦竹区	① 新兴社区缺乏在地认同。 ② 人口快速增长，造成环境质量下降与公共建设不足
大园区	① 机场兴建改变聚落水塘地景，人口外移且老化。 ② 工商移民与传统社群的融合问题

续表

行政区	社群与空间所产生的议题
龟山区	① 新兴社区快速增长，居民欠缺在地认同。 ② 传统聚落逐渐消逝，生活机能下降
龙潭区	① 新旧社群区隔明显，新居民欠缺在地认同。 ② 新兴封闭式社区与旧聚落缺少联系交流
新屋区	① 滨海观光发展议题受限于产业形态与交通运输。 ② 客家农村聚落特色传统衰落
观音区	① 传统聚落各具特色，缺乏整体规划。 ② 工业区外籍劳工议题
复兴区	① 人口持续外移，原住民族群逐渐缩小。 ② 观光受限于交通条件与社群发展

（资料来源：2014《桃园市社区规划师驻地辅导计划委托专业服务劳务采购案服务建议书》）

桃园市的参与式社区规划师制度在开始执行之初，邀请专业顾问、在地社区规划师、社区居民代表等共同召开共识会议，依据上述桃园各行政区的特性，研讨区域特色形塑及社区实作类型化的操作模式，计划初步构想将参与社区规划师提案的社区分为四种类型——都会、城镇、农村、原乡，并依据社区的发展脉络（社区故事）、社区参与程度（社区行动），以及社区共识凝聚状况（社区愿景形塑），进行构想的研拟定与行动策略制定，以及确定短、中、长期阶段性目标的执行步骤。对应上述四种不同类型的社区，因地制宜地采取差异化的行动策略。

以下分别就都会类型的桃园市桃园区中圣、中泰两里的"都市生态绿化之永续社区营造"项目、城镇类型的桃园市龙潭区上林社区的"北北基桃地区培根核心班实作"项目、农村类型的桃园市大溪区中兴社区的"北北基桃地区培根进阶班实作"，以及原乡类型的桃园市复兴区溪口台部落的"农村再生北区生活美学"项目等案例进行简要说明。

（1）都会类型：桃园市桃园区中圣、中泰两里——都市社区生态绿化之永续社区营造项目（图3）

① 社区故事：外来居民占比超过6成的都会型商品房。居民关系冷漠，社区中庭管理维护不佳。

② 社区行动：通过社区规划工作坊，带动居民进行社区农园与可实地景的实作，从硬件改变生活。

③ 社区愿景形塑：社区位于都市中心区，期盼打造具有生态绿意美质的社区中庭，成为可持续生态社区。

图3　桃园区中圣、中泰两里项目

（2）城镇类型：桃园市龙潭区上林社区——北北基桃地区培根核心班实作（图4）

①社区故事：社区老建筑拆除后，将其原有的素材进行整理，运用在社区的公共场所中用于改造重生。

②社区行动：社区资源的整合利用，巧妙结合在地新旧素材，创造人、事、物的新价值。

③社区愿景形塑：社区位于城乡交界处，期盼能成为中心都市的后花园，为民众提供一个休息、休闲、休养的好去处。

（3）农村类型：桃园市大溪区中兴社区——北北基桃地区培根进阶班实作（图5）

①社区故事：一群人从都市工作岗位退休后返回农村，怀抱着慢活、乐活、快活

图4　龙潭区上林社区项目

图5 大溪区中兴社区项目

图6 复兴区溪口台部落项目

的梦想，投入新农民的行列。

②社区行动：新农民逐渐融入在地社区组织，逐步达成共识，共同打造社区新愿景。

③社区愿景形塑：推动有机韭菜的传统农村景与文化生活味。

（4）原乡类型：桃园市复兴区溪口台部落——农村再生北区生活美学（图6）

①社区故事：82岁部落老人林明福，获颁台湾文化部门"人间国宝"称号，开启部落成员将泰雅文化保留与传承的决心。

②社区行动：原住民文化资源的活用与转型，开发猎人旅游体验。

③社区愿景形塑：日常的生活文化转换成社区产业资源。

4.2 鼓励社规师积极参与，协助专业能力养成

社区规划师计划在年度内需同时推进人才培训课程、地区公共空间环境绿化美化的提案辅助与辅导考核机制，以及其他众多配套工作的执行。鼓励社区规划师结合社区、各区公所与市政府工作，扩大社区营造的层面与能量，以奠定计划的可持续发展基础。推动架构如图7所示。

事实上，桃园市对于社区规划师的辅导，在近年除了专业人才培训外，同时还包括推进社区居民学习关于生活环境的认知和调查。社区居民唯有对生活环境有所认同，才能够营造出符合良好居住质量与品味的环境。因此，针对社区环境空间特色的确立、空间美学基础数据的建立都是不可或缺的。

通过环境空间的调查，让社区在进行环境改造时可以营造出具有在地风貌的环境，

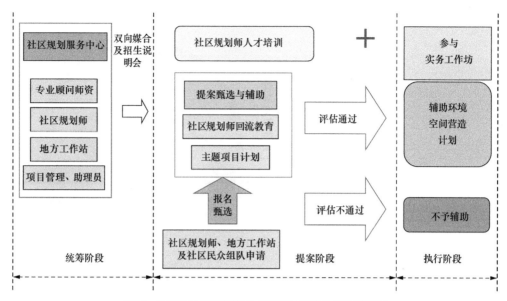

图 7　桃园市社区规划师驻点辅导计划推动架构示意图

如客家族群聚落特有的"伯公"（土地公）文化及树下活动中心的使用行为，搭配在地材料的使用，除满足对树下空间的依赖，同时对于精神层面的投射，可借由与社区风土民情结合，塑造出对环境的保护及认同。依本团队长期辅导社区的经验，认为桃园市社区规划师可以协助社区先进行空间指认，由此深入了解社区，并以对空间环境较高的敏感度引发社区议题，开始社区环境改造行动。

4.3　设立在地项目管理中心，建构社区资源平台

长期的运行实践显示，成立在地的项目管理中心（即社区规划服务中心）将更有助于辅导与信息的实时互动，其主要定位为区域互助、资源转介、人才育成的平台，致力达到以下成效（图 8）。

① 社区资源转介：各社区借由参与中心的运作，彼此相互学习，并能依据社区现况与居民需求向各级行政单位、市政府各局室争取项目，且在执行过程中进一步相互观摩，顺利完成各项工作。

② 社区人才育成：结合社区规划师在地化的辅导策略，让社区干部将社区营造理念、操作技巧等经验系统化、知识化，通过社区规划师培训课程授课的机会，分享给各个社区有心参与的居民，且让社区居民从学习与实作中，看到自身参与社区规划的实际成功经验。也就是说，居民可以期许自己从社区的小螺丝钉逐步成为社区自组织的干部，进而成为社区规划师的过程，由此激发社区更多的"造人"能量。

③ 全程陪伴打破年度工作项目的时间限制：一般社区规划师工作项目的推动往往

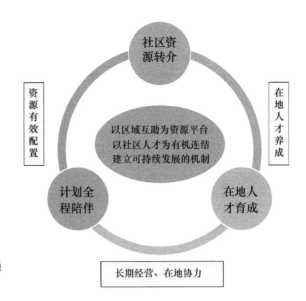

图8　桃园市社区规划师项目管理中心操作构想示意图

只在有限的、被压缩的工作期限内，许多跟着年度经费而来的措施常无法在非项目期间推动。为了解决此困境，桃园市社区规划项目管理中心在项目推动期间外，充分发挥在地化的优点，利用非正式的聚会或结合其他政府资源仍能持续运作，而社区规划师们也以紧密的人际网络让社区随时得到咨询等相关服务。

4.4　创新细部实施方式，贴近社区真实需求

（1）成立桃园市社区规划服务中心（即上述项目管理中心的实际设置名称）

"桃园市社区规划服务中心"的功能除了协助推动社区规划师制度外，同时也要扮演资源中介与咨询辅导的整合平台角色，以及协助社区规划师的培训与社区环境营造计划的执行工作，以期推动政府政策更加落实并切合地方需要，强化社区空间规划的深度。

总结社区规划服务中心的角色包括如下几个方面。

①咨询辅导服务中心的管理者；

②内部自主持续推动的辅导者；

③考核、辅导、咨询工作的执行者；

④信息交流平台的推动者；

⑤社区规划人才培训的策划与教学者。

同时，社区规划服务中心的相关工作人员，包含辅导讲师、专（兼）任人员均应属地化，并能长期投入社区规划师的辅导和咨询工作，以建构彼此的默契，共同打造桃园市的新愿景。

图9 桃园市社区规划服务中心任务示意图

社区规划服务中心还应具备下列的特色（图9）。

①团队能与社区长期互动，确实掌握社区状况：在社区的工作常常会遇到专业知识以外的困扰，如社区经营方向不明确、居民凝聚力低、干部领导风格不一、计划撰写能力有限，甚至社区工作与个人生活产生冲突等。这些问题，并非课堂上的知识传授可以解决，但又深深地影响到社区未来发展。这时候，中心与辅导老师的角色就非常重要。称职的中心与社区干部应保持密切的沟通渠道和互动，让社区产生信赖感，使得社区干部随时有可咨询的对象，无论是政策法规上的解释、社区操作方向的讨论，或是个人生涯发展上的抉择，都需要中心长期的陪伴与辅导，方能产生实效。

②辅导老师各司其职，全程陪伴：辅导和陪伴除了耐心倾听以外，更重要的是对社区营造精神与社区规划工作的了解。中心的辅导老师应有至少3年以上社区辅导经验，并同时具备涵盖生活文化（在地营造）、生产（在地产业）及生态（环境教育）等领域的专长，彼此间有合作默契，能进行责任分工，全面掌握社区情况，并适时给予协助。

③专职工作人员经验丰富，具有热诚：专职人员应协助辅导老师进行第一线的社区工作，并协助课务及行政工作。他们还应具有参与在地相关社区辅导工作的经验，能从在地社区访视工作开始，即与社区保持良好互动，随时掌握整体计划进度，并且秉持这样的热情和专业，持续投入社区规划师的推动工作中。

④与人力培训形成一个完整的辅导架构：固定服务据点的咨询辅导，是以人力培训为主所延伸出来的，且二者之间紧密联系，而非独立操作。也就是说，培训是

辅导的一环，辅导也是培训的一环。因此，咨询辅导的机制，将紧密联系培训的进行及设计，让整个培训计划有清晰的轴线与目标。

⑤ 贴近社区，适时协助：咨询辅导并非指导，而是在整个培训过程中，深入地观察及理解社区，才能真正掌握社区的问题与优势，并适时地给予必要的协助或引导。与社区建立良好的伙伴关系，站在陪伴、协力的角色，给予社区所需的协助。

（2）建立专属社区规划师信息交流平台网站

在计划执行期间，建立专属社区规划师信息交流平台网站，记录培训课程、实务工作坊、活动与社区提案操作的进度数据与成果（文字与照片）。

平台的建立可运用现有的社群网站，结合其各项功能，如博客、协作平台、行事历等，建构一个公开透明的社区规划师交流平台。可强化的平台运作功能如下。

① 信息流通互动平台：社区规划师驻点辅导网站在日常活动和讯息的传达上，多为单点对单点的电话或电子邮件的联系，通过中心网站的建立，中心的课程、活动及社区营造相关讯息将于第一时间在网络上进行发布、更新。社区工作团队或有心参与的居民及工作者，亦可上网站浏览得知该计划的最新讯息，使中心和社区之间建立更具讯息散播性的常态化媒介。

② 促进社区规划工作站的了解与交流：依过往经验，社区规划工作站彼此的交流多基于课程或家族会议，对于其他社区的背景、现况了解不够充分，因此需要较久的时间来熟悉彼此的状况，在议题的讨论上方能聚焦。现在只要通过平台网站，即能看到全部社区规划工作站的相关介绍，有益于社区之间的学习及交流。

③ 减少信息落差，建构完整的计划数据库与学习网络：中心网站除了完整介绍计划宗旨及组织架构，提供社区营造点数据，还将依序把课程的讲义内容和师资介绍放置在网站上。借由网络信息科技让社区团队能在网络平台上获得社区规划的相关知识，亦让这些书面数据得以累积备查，形成完整的计划数据库和学习网络。

（3）社区规划师人才培训课程

培训课程的主题主要覆盖以下五大方向。一是总论，例如社区营造与社区规划师制度、区域学、桃园空间规划发展政策与方向、公共议题与公民生活、实务案例、公私部门资源、公共空间营造等。二是生态街廓，如生态社区规划设计、绿色建筑设计改造、环境保育与资源再生、绿色能源等议题及案例。三是永续社区，如水循环设计、朴门农艺或永续农业设计（permaculture）、社区防灾、老人友好、灾害防救等议题及案例。四是水资源保育与文化资产，如桃园台地埤圳沿革、重要湿地计划、文化资产保存与空间规划、湿地保育、地景阅读、生态池规划设计、调查方法等。五是建筑风貌，如多元的城乡建筑和空间符号、元素与风格、创意城市建构等（表3）。

　　培训课程以"社区规划人才培训课程"及"社区规划实务工作坊"两部分为必修课程。两部分课程总课时数规划至少达 120 小时。其中，"社区规划人才培训课程"需占总课时数的 1/4，授课形式包括讲述、讨论、活动等，或更具创意的方式。"社区规划实务工作坊"需占总课时数的 3/4，结合"环境空间营造计划"及"社区规划师人才回训"，通常采取讲述、讨论、雇工购料实作，或匠师培训等方式（表 4、图 10）。

"社区人才培训课程"内容建议表　　　　　　　　表 3

主题	课程名称	课时数
总论	桃园空间规划政策与发展	3 小时
	公共空间营造	3 小时
生态街廊	生态社区规划设计	3 小时
	低碳社区营造与案例	3 小时
永续社区	永续社区的发展	3 小时
	社区防灾	3 小时
埤圳保育与文化资产	湿地保育	3 小时
	文化资产保存	3 小时
建筑风貌	空间文化符号	3 小时
	创意城市建构	3 小时

"社区规划实务工作坊"内容建议表　　　　　　　　表 4

阶段	课程名称		课时数
第一阶段（社区提案前）48 小时	景观美学营造		4 分区 × 3 小时
	雇工购料概念		4 分区 × 3 小时
	滨海区域议题发展	滨海生态环境建构	3 小时
		环境伦理——从河川生态谈起	3 小时
	北区域议题发展	城乡发展空间营造	3 小时
		能源利用与永续发展	3 小时
	南区域议题发展	生态工法与永续生活	3 小时
		传统产业文化环境营造	3 小时
	原民区域议题发展	文化特色运用	3 小时
		原民文化聚落营造	3 小时
第二阶段（社区征选后）48 小时	项目经费核销工作坊		4 分区 × 3 小时
	社区资源调查工作坊		4 分区 × 3 小时
	模型制作工作坊		4 分区 × 6 小时

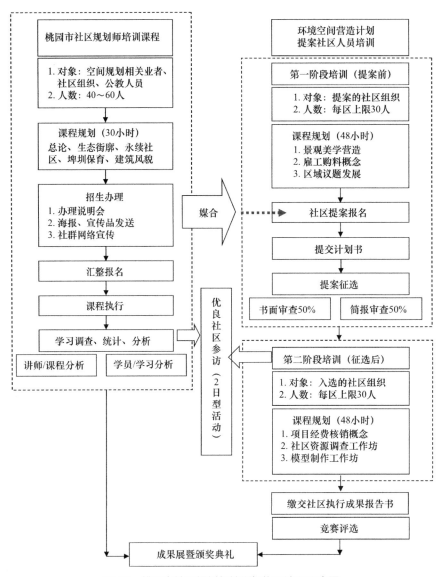

图10　桃园市社区规划师培训架构及流程示意图

（4）年度成果交流

以社区规划师及年度参与的社区组织为对象，年度成果交流包括成果展筹备、场地及棚架等租借、各式展板制作、所需相关文宣等印制、成果展影像纪录等。工作项目办理地点多于社区现场执行，除了以社区简易环境绿化美化成果交流为主，也期望通过相互竞赛及观摩交流的方式，让社区之间有良性的竞争，增加社区自主环境营造的热诚与动力。

年度成果交流的内容通常包括社区接受培训过程与成果的图文静态展示、年度社区优良社区案例实地参访等。所谓"读万卷书不如行万里路"，社区规划工作除了通过培训课程建立社区营造基础概念、实际提案从计划执行中边做边学之外，与其他社区互相交流学习也是很重要的成长过程。对于社区规划营造点第一线的社区干部来说，在工作执行过程中，必须不断地进行学习，以便创新执行模式，来达成社区规划的目标。

5 结语

社区规划师可以是一个创造者、执行者、辅助者，或是协调者。一方面，他被赋予诠释行政部门的上位计划或施政方向以告知民众并协助落实推动执行的角色；另一方面，也可将基层社区组织与居民的意见或建议反馈给政府有关部门，进行双向沟通与协商调整。而正因为如此，社区规划师们绝对不只是专业的空间规划者，他们应该是包含有多元立场与专业的地方，与小区组织及个人所组成的"在地性"团体，其成员可以包括社区或民间自组织的骨干或能人、热心愿意付出的社区民众、基层行政相关部门与自治体系的领导及业务承办人员、有心承接相关工作的专业技术工作者等。

然而在各县市推动社区规划师制度的过程中，却常常忽略了共同参与的重要性，产生由行政部门全权负责或是委托专业团队主导的状况，造成公共部门的负担加重以及社区民众的依赖渐深等问题。有鉴于此，桃园市推动的"参与式社区规划师制度"即为呼应前述理念与问题所量身定做的对应方法，其实施的工作总结、预期成效以及未来工作挑战简述如下。

5.1 工作总结和预期成效

桃园市参与式社区规划师制度的推动，主要是通过行政部门、专业团队、社区组织与居民共同参与，经历培训、征选、辅导以及陪伴的机制和行动实践等过程，来实现社区的环境空间改善与生活质量提升。期望能借此扩大社区居民对于生活行为的正向改变，进而触发实际行动，优化环境质量，同时凝聚在地社区居民的情感与共识，创造出更加幸福的城市特色生活。

经过前期培训与持续回流教育的社区规划师们，通过协助社区居民提升社区营造的认知与素养，以及建立可持续性的辅导模式，再伴以培训课程的有效规划，强化培养社区自主营造的能力。并借由成果展现相关活动的办理绩效，不仅可以建立社区规划师的品牌形象，还能够提升社区治理的能见度，成为可持续推动社会建设的正面力量。

综上所述，桃园市投入推动社区规划师的制度建构，预期可达到以下成效。

① 强化社区自主运作模式，培养社区民众参与社区公共事务及规划社区发展方向与活动执行的能力，使其能真正达到自主性参与社区工作的理想。

② 提出社区民众参与社区环境营造模式的发展方向，以及具体的执行方式和建议。

③ 持续培训在地社区规划师，以协助城、乡社区风貌改造，并且建立桃园市社区规划师辅导师资制度。

④ 横向联结市政府层级相关社区规划业务权责单位，有利于争取及有效善用各项硬件工程项目配合款项，考虑整体工程预算的分配合理性与主控性。

⑤ 协助社区居民建立自己的可持续生活环境公约，让社区可以逐步建成"可持续生活"的环境。

⑥ 推动城市"生活地景营造"，根据计划性质，寻求民众参与的适当时机和方式，切实掌握民意需求，符合地方生活行为，并带入可持续生活环境的概念。对于小型社区环境空间营造计划，可建立民众实际参与规划设计甚至施工的机制，以建构出属于在地的可持续特色生活空间。

5.2 未来工作挑战

预期未来桃园市社区规划师制度建设工作可能面临以下主要挑战。

① 如何扩大都市边缘地区的城镇型社区参与？由于桃园市过往强调区域均衡发展，致使较多的专业人力与资源都聚焦于推动乡村类型与原乡类型的村落空间改造，反而忽略了多数居民生活的都市计划区内的都会类型及城镇类型社区。而且在2019年开始推动地方创生等新一波的城乡改造计划后，为了区分出城、乡特色的不同，同时考虑多数市民的日常生活需求，对于位于都市与乡村交界的城镇类型的社区规划，必须提出相关的配套方案，以符合县市层级整体施政目标。

② 在短时间内执行大量参与式工作坊，如何兼顾质与量？根据社区规划师制度工作计划，每个年度内要进行简易环境绿化美化15～20处。然而每个社区的发展脉络、特色、需求都不同，是否能为社区量身打造，使社区在社区规划执行过程中累积实作经验，同时保证计划如期完成，实为一大挑战。因此，在计划推动过程中，除持续地进行人才培育外，还需要努力引入外部专业人力与高校相关科系师生的共同参与，以求绩效的提升。

③ 如何让社区居民有能力对社区环境提出更人性化、可持续及特色创意的空间规划？需要审慎思考不同行政单位对于环境改造的经费是否真的需要，尤其是在相关资源大量投入时，社区对环境营造的目的及效益是否符合社区居民的真实需求。

参考文献

［1］王本壮．社区总体营造过程中的创造力运用：以竹东美之城为例［J］．联合学报，2002，21：69-85.

［2］王本壮，黄健二．苗栗县社区规划师培训计划执行成果报告书［R］，2002.

［3］王本壮，周芳怡．以行动研究探讨契约学习教学模式应用大学建筑设计教学之可行性［J］．建筑学报，2006，58：63-93.

［4］王本壮．公众参与社区总体营造相关计划执行之行动研究——以苗栗县推动社区规划师运作模式为例［M］//王本壮等．落地生根——台湾社区营造的理论与实践．台北：唐山出版社，2014.

［5］王本壮，江淑绮．桃园市社区规划师驻地辅导计划委托服务采购服务建议书［R］，2014.

［6］王本壮，蓝忻怡．都会型社区可持续发展指标的行动研究［J］．城乡规划，2017，4：36-42.

［7］台北市都市发展局．台北市社区规划师制度推动检讨与甄选作业办理总结报告书［R］，2002.

［8］李永展，何纪芳．社区环境规划之新范型［J］．建筑学报，1995，12：113-122.

［9］Nick Wates．行动规划——如何运用技巧改善社区环境［M］．谢庆达译．台北：创兴出版社，1996.

［10］Wang, B. C., Chou, F. Y. Model of Public Participation for Constructing an Urban Community with Green Living Culture[J]. Journal of International City Planning, 2010, 24: 329-344.

［11］Wang, B. C., Lee, Y. J., Chen, P. J. Exploring Sustainable Development of Cultural Living Circles through Action Research: The Case of Sanyi Township, Miaoli, Taiwan [J]. Systemic Practice and Action Research, 2013, 26: 239-256.

香港：社区规划制度化的机遇与挑战 [①]

伍美琴

香港城市规划的体系可以说是一个自上而下的制度，主要是配合社会经济发展来作土地的分配，不具备跨部门统筹协作调整的策略性空间规划功能。规划体系、规划署的组织架构和规划条例都没有社区规划的元素。但是，这不代表香港没有社区规划，因为香港的专业人士和地区的各利益相关者，有时候会联手制定社区发展方案，以回应自上而下未能照顾社区关系的规划。因此，香港推行社区规划的最大阻力是来自政府。社区规划对提升市民个人和地方管治的能力不可或缺，所以政府应该积极考虑在规划署建立一个社区规划部，检讨城市规划条例，把社区规划纳入规划系统里面。时光荏苒，大学的社区规划工作坊已经推行了近二十载，社区在地的规划实践也累积了相当经验，这应该是社区规划制度化的时候了。

1 香港城市规划体系：只有公众参与，没有社区规划

1.1 历史沿革

香港在 1842 年成为英国殖民地。一直以来，殖民政府都采取放任政策，没有正式全面规划香港。第二次世界大战后，为了处理各种因为中国政权交替所衍生的都市问题，当时的港督杨慕琦请来帕克·亚柏康比（Patrick Abercrombie，1879～1957 年）担任香港城市长远规划顾问，以制定长远发展策略，也敲定了后来市区和新市镇发展的方向。同时，工务司署为配合亚柏康比的城市规划工作，成立了城市设计组以"筹

作者简介：伍美琴，教授，香港中文大学地理与资源管理系副系主任，香港中文大学未来城市研究所副主任，香港中文大学亚太研究所主任。

① 本研究由香港特别行政区研究资助局（Research Grants Council）资助（授口号CUHK 14408314. CUHK 14652516）。

划各区土地用途、发展草图、填海计划，如新九龙观塘的工业发展规划，向新界理民府提供新界如荃湾的发展草图，较战前以维护公众卫生、安全及利益的理念更切合城市长远发展的需要"。[1]

1953年，工务司署改组城市设计组，于辖下的地政测量处成立设计科，专责城市规划事宜。设计科的任务为协调政府各部门意见，并制定市区未来的发展草图。同年，全港市区，包括港岛及九龙，被划分为32个规划区。直至1954年，已制定发展蓝图的区域达18个。1957年规划区增至37个。1959年，已筹划的规划区达33个。全港市区的规划草图于20世纪70年代已大致完成。[2]

20世纪60年代，香港开始规划新市镇。1966年和1967年的暴动之后，为了提升市民的归属感，政府积极推行十年建屋计划，急需大量土地，故成为新市镇建设的催化剂。1973年，工务司署内部成立了新界拓展署。同时，设计科亦被升级为工务司署的独立部门之一，并改名为城市设计处。市区拓展处及环境科地政署辖下发展策略组于1980年成立。城市设计处于1982年重组，改为地政署辖下新设的城市设计部。城市设计部于1986年改名为城市规划处，并隶属于新成立的屋宇地政署。同年，新界拓展署与市区拓展处合并为拓展署。[3]1990年1月1日，规划署于当时的规划环境地政科辖下成立，并负责原本由城市规划处、发展策略组及拓展署属下各拓展办事处负责的规划事务。规划署亦负责拟备各类规划图则，为土地用途和发展提供恰当指引[4]。

从历史的轨迹可以看到香港城市规划的发展，一直都是自上而下，比较注重整个城市的需要，而没有太多从地区层面出发。

1.2 规划署：没有社区规划的组织架构

香港规划署共7个部门，包括全港规划部、专业事务部、委员会部、都会区规划部、新界区规划部、特别职务部、部门行政部（图1）。而都会区规划部及新界区规划部又细分为各区的规划处（图2）；都会规划部包括港岛规划处、九龙规划处，以及荃湾及西九龙规划处；新界区规划部包括西贡及离岛规划处，沙田、大埔及北区规划处，屯门及元朗西规划处，以及粉岭、上水及元朗东规划处。现时都会区及新界区

[1] 何佩然. 城传立新：香港城市规划发展史1841–2015［M］. 香港：中华书局（香港）有限公司，2016：139，143.
[2] 何佩然. 城传立新：香港城市规划发展史1841–2015［M］. 香港：中华书局（香港）有限公司，2016：145.
[3] 何佩然. 城传立新：香港城市规划发展史1841–2015［M］. 香港：中华书局（香港）有限公司，2016：145.
[4] 何佩然. 城传立新：香港城市规划发展史1841–2015［M］. 香港：中华书局（香港）有限公司，2016：145–146.

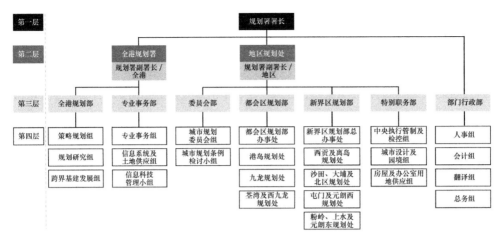

图 1　规划署的组织结构示意图

（图片来源：作者根据香港特别行政区政府规划署.规划署组织：规划署组织结构.

https：//www.pland.gov.hk/pland_tc/about_us/organ/orgchart.pdf 重绘）

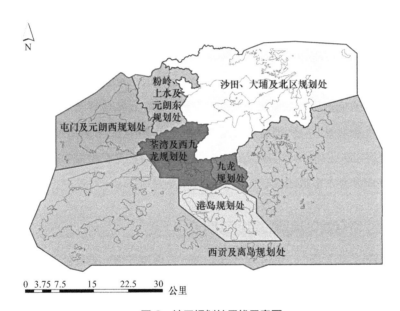

0　3.75 7.5　　15　　22.5　　30　公里

图 2　地区规划处界线示意图

（图片来源：作者根据香港特别行政区政府规划署.规划署组织：地区规划处界线.

https：//www.pland.gov.hk/pland_tc/about_us/organ/dpobrdy.jpg 重绘）

规划部所负责规划的最小单元为人口介于十几万到几十万不等的"区"，组织架构上却没有在地的社区规划。换句话说，香港的规划并不是建立于在地对社区扎实的了解和研究之上的。这种对社区的忽视，从城市规划条例也可见一斑。

1.3　以程序为本的《城市规划条例》

香港法例第 131 章《城市规划条例》中，开宗明义地说明，条例旨在"有系统地拟备和核准香港各地区的布局设计及适宜在该等地区内建立的建筑物类型的图则，以及为拟备和核准某些在内发展须有许可的地区的图则而订定条文，以促进社区的卫生、安全、便利及一般福利"。

现行的《城市规划条例》于1939年制定，条例自制定至今内容大致没有改变，基本上是一条关于程序的条文。政府于1996年公布《城市规划白纸条例草案》，并咨询公众，以提高法定规划过程效率、透明度及成效。直至1996年12月18日，才于立法局通过议案，督促政府尽快向立法局提交全新并涵盖全面的《城市规划条例草案》。条例的讨论历时8年，到2004年7月7日立法会才通过《城市规划（修订）条例草案》。草案简化了规划程序，让公众人士有更多机会参与规划制度，并提高了规划制度的透明度，加强执法管制《城市规划条例》不容许的违例建设，以及收回处理规划申请所需的费用。[①]

虽然法例让公众有更多机会参与规划的起草、图则的修改、规划许可的申请，以及规定申请修改图则或规划许可的人士如非受影响土地的拥有人，必须取得有关土地拥有人的同意或知会该拥有人，但是条例只是一条以程序为本的法例，没有涉及规划应有的原则和内容，更没有讨论社区规划以及其他各层次规划的内涵。

1.4 社区规划缺席的规划体系

香港的规划体系包括全港发展策略、地区层面的各类法定图则，以及部门内部使用的图则。这些图则的拟备均参考《香港规划标准与准则》（图3）。《香港规划标准与准则》包含相关发展政策、原则，并会适时纳入公众意见进行考虑。

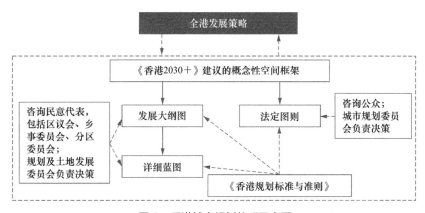

图3 香港城市规划体系示意图

（图片来源：作者根据香港特别行政区政府规划署. 年报2019：关于我们—规划体系，2019a.
https://www.pland.gov.hk/pland_en/press/publication/ar_19/pdf/ar2019_tc.pdf. 重绘）

① 香港特别行政区立法会. 《2003年城市规划（修订）条例草案》委员会：背景资料简介，no.CB1/BC/12/02，2003.

（1）全港发展策略

全港发展策略从来都不是一个牵涉不同部门发展的空间策略规划，它的主要用途只是提供一个土地规划的大纲，以指引未来发展，如进行策略性基础建设、策略性增长区的规划和制定地区图则。2007年，政府公布了全港发展策略检讨《香港2030：规划远景与策略》。2016年，政府推出《香港2030＋：跨越2030年的规划远景与策略》的咨询文件，旨在为香港跨越2030年的整体空间规划、土地和基础建设发展，以及建成和自然环境的塑造探讨策略及可行方案。规划署正在敲定全港发展策略更新的最终建议，当中亦有收集公众的意见。而这层次的宏观规划，基本上没有与社区规划发生关系。

（2）法定分区计划大纲图

根据《城市规划条例》，城市规划委员会需要制定具法定效力的分区计划大纲图及发展审批地区图。法定图则的主要功能为：列明土地准许用途及发展参数，以规管发展；预留土地作各类用途；管制及检控新界乡郊违例发展。

法定图则分为两类（表1）。制定发展策略和图则时，政府都有征询和考虑公众意见，规划署会安排不同形式，如公众咨询论坛、工作坊、展览等公众参与的活动。[①]城市规划委员会的成员是来自不同专业领域的官方及非官方人士，均为政府委任。虽说该委员会是按照规划是否符合公众利益的原则作决策，人数的多寡并非主要考虑因素，但是因为当中并没有民意的代表，条例列明5个委员（必须包括主席或副主席）就可以作决定。加上会议决定环节是闭门进行，所以容易使人对决定或产生偏颇的感觉。

两类法定图则的用途　　　　　　　　　　　　　　　表1

	第一类	第二类
	分区计划大纲图	发展审批地区图
用途	分区计划大纲图显示个别规划区的土地用途地带、发展限制和主要道路系统。所涵盖的地区按土地用途一般分为住宅、商业、工业、绿化地带、休憩用地、政府、机构或小区用途，或其他指定用途。每份图则均附有《注释》表，说明某地带经常准许的用途（第一栏用途），及须先获城市规划委员会许可的用途（第二栏用途）	发展审批地区图旨在拟备更详细的分区计划大纲图前，为新界乡郊地区提供中期规划管制和发展指引。发展审批地区图显示概括的土地用途地带，并附有《注释》表，显示第一栏和第二栏的用途。发展审批地区图的有效期为三年，并会由分区计划大纲图取代

（资料来源：香港特别行政区政府规划署. 香港便览：城市规划，2019b. https：//www.gov.hk/tc/about/abouthk/factsheets/docs/town_planning.pdf.）

---

① 香港特别行政区政府规划署. 香港便览：城市规划，2019b. https：//www.gov.hk/tc/about/abouthk/factsheets/docs/town_planning.pdf.

由于法定图则涵盖的范围颇大，土地分区比较粗放，加上规划署没有社区规划师的制度，所以分区大纲图只容许市民的参与和提意见，并不是建立在扎实的在地研究和对社区需要的了解之上。

（3）部门内部图则

发展大纲图和发展蓝图为行政规划图则，是依据规划署法定图则提供的大纲拟备。这类部门内部图则涉及较广范畴，提供更详细的规划参数，如地盘界线、出入口、人行天桥、马路、灯柱和紧急通道位置，及特定种类的政府或小区用途，以协调各类公共工程、卖地和预留土地作特定用途。可见这细部规划的目的也只是为了方便政府运作，着眼点不在于方便市民查阅。

（4）人口为准的《香港规划标准与准则》

规划署拟备上述各类图则时均会参考《香港规划标准与准则》（以下简称《准则》），而该《准则》大部分是按照人口数量去拟定所需提供的各类土地用途、小区设施和基础设施的最低标准。《准则》适用于香港不同层面的土地用途规划，包括全港的策略性规划、地区规划，以及特别地区发展纲领及大型发展规划大纲。可是《准则》的制定并未考虑到不同类型小区的实际情况。理论上，《准则》的制定及审核皆由隶属于规划及土地发展委员会的规划标准小组委员会负责，也不一定需要社区居民的参与。更重要的是，在部门内部图则的拟备过程中虽有咨询不同地区民意代表，包括区议会、乡事委员会及分区委员会的意见，但由于《准则》的制定及决策单位的组成均没有社区居民的参与，而且该《准则》本身的制定也不一定基于在地研究的成果，由此再一次证明香港没有社区规划的元素。

虽然香港的规划制度没有社区规划，但并不代表香港没有社区规划。因为香港的社区规划是由社区自己来制定的。以下是两个案例的分享。

2　社区规划案例一：蓝屋群活化更新

2.1　蓝屋楼群的前世今生

蓝屋不只是一座建筑而已，而是一组建筑群，它有蓝屋、橙屋，还有黄屋。从保育的角度来看它是一级建筑，但是在香港一级建筑是没有法律保障的，因为只有指定"文物"才具法定效力，才能够得到维护。

一直以来，蓝屋的命运好像就是要服务湾仔区。开始的时候，兴建蓝屋的人是想成立一间医院以服务湾仔区的市民。根据记载，蓝屋曾经是以"华佗"命名的一所医院。但是因为不符合英国殖民政府的条例规范，所以就变成了一座华佗庙。20世纪10年代末～20年代初，华佗庙重建，变成今天的蓝屋。蓝屋一带都是有地下商铺的住房单位，其中一家商铺为中医诊所，以林镇显的名字命名，据说他就是著名功夫大师黄飞鸿的弟子林世荣的侄儿。[①]

第二次世界大战之前，蓝屋有两所免费的中学，但后来被改建为住宅单位。[②] 蓝屋由4栋建筑组成，其中的3栋于1978年退还政府。据闻是因为政府实施租金控制以保护租户的住房权，当时代表缺席房东负责收租管理蓝屋的人害怕入不敷出，于是把蓝屋交还给政府。[③] 政府随后用水务局剩余的油漆将这3栋楼宇涂成蓝色，并继续把单位出租。

蓝屋所在的那条街有一个组织，名叫圣雅各福群会，是一个慈善团体。福群就是造福人群的意思。19世纪，英国牛津大学与剑桥大学的知识分子思考如何能够更好地帮助那些穷人，后来他们选择住在穷人中间来帮助他们。所以1949年的时候，圣雅各福群会随教会来到香港。那个时候的香港还是一个很贫困的地方，湾仔也住了许多穷人，所以他们就在此成立了圣雅各福群会。1997年香港受亚太区金融危机的影响，福群会就组织发展了一些地区的经济，也发展出社区货币"时分券"[④]，还成立了合作社，让街坊共度时艰。而圣雅各福群会其实没有规划师，他们都是社会工作者。

2.2　抗拒"被规划"：社区自救

蓝屋跟福群会有什么关系呢？2000年，蓝屋被古物咨询委员会评为一级建筑，而黄屋为二级建筑。同年，圣雅各福群会获得了可持续发展基金的资助，向地政总署申请在蓝屋空置的街铺用以建立一个"湾仔的民间生活馆"，让人知道街坊生活的一点一滴如何造就了今天湾仔的面貌，建立当地市民的社会资本和地方感。那时，居民捐赠了400多项文物，记录了湾仔的历史和社区发展。当福群会在湾仔默默耕耘的时候，这个社区也因另一个组织而发生翻天覆地的变化。

香港有一个市区重建局，他们在湾仔这个旧区做了四个横跨五条街道的重建项目（图4），建了很多豪宅，同时也迫使许多穷人搬离湾仔。2006年，市建局和房屋协会也开始对蓝屋发生兴趣，想耗资1亿元港币，以"社区振兴和遗产保护"的名义把蓝屋变成一个以茶和药为主题的商场。住在蓝屋的居民都很担心，因为如果要建商场，

---

① 湾仔区议会. 我们的石水渠街，2006：14.
② 湾仔区议会. 我们的石水渠街，2006.
③ 湾仔区议会. 我们的石水渠街，2006：31.
④ 意思就是让没有钱的穷人也可以通过互相服侍来过好生活。一个人工作一个小时，就拿一个小时的时分，可以用时分到时分店去换东西、买东西，或是买其他的服务。

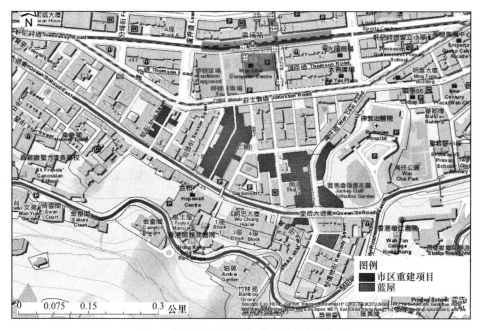

图4 市区重建局在湾仔的项目分布示意图

（图片来源：作者根据市区重建局网站 http：//www.ura.org.hk/en/projects/redevelopment.aspx 重绘）

他们就要搬走，这对他们来说是很大的打击。他们要寻求帮助，当然就想到圣雅各福群会。福群会和他们的顾问包括建筑师、测量师、学者与居民一起成立了一个蓝屋社区保育小组，并举办了很多活动，包括社区艺术跳蚤市场，为的不是要讲价，而是要讲话、建立关系，还举办了导赏团，向其他市民介绍湾仔的历史文物和发展轨迹。同时，他们又积极游说市建局，与他们分享一些社区对规划原则的共识，例如，保育不只是要尊重蓝屋的建筑特色，更重要的是这个建筑给社区生活带来什么影响。你可以想象如果你住在蓝屋，就会跟街道有很好的联系，你可以看到街上的行人，甚至跟他们对话，人们觉得这些是很重要的，所以他们主张居民应该有权继续住在蓝屋群，认为这是保留蓝屋精神的最佳方案。

　　后来的故事是这样。因为圣雅各福群会顾问团里面有不同的人。因为做生意的缘故，有两位外国测量师与政府关系很好，并成立了"香港遗产基金会"，关注遗产保护的事宜。因此他们就跟当时的发展局局长商谈，希望能够把蓝屋也纳入"活化历史建筑伙伴计划"，一方面把历史的文物活化，又可以给它一个新的生命。后来蓝屋成功被纳入第二期的"活化历史建筑伙伴计划"。该计划由圣雅各福群会牵头，包括香港遗产基金会和一个由学者与社区组织组成的"社区文化关注"团体，当然也有市民参与其中。2008 年，这几个团体结成伙伴，以"WE 哗蓝屋"为题一起申请第二期的"活化历史建筑伙伴计划"，最后申请成功。

图 5 "WE 哗蓝屋"
（图片来源：发展局网站．https：//www.devb.gov.hk/filemanager/en/content_1044/20170924_01.html．）

"WE 哗蓝屋"里面有很多不同的元素，包括蓝屋的故事馆；原居民可以廉价的租金继续住在蓝屋；那些空置的单位得到翻新，通过"好邻居"的计划，用比市场租金低 20% 的价格出租，来吸引那些愿意搬进蓝屋来一同贡献才华、建设社区的人；同时因为要自负盈亏，所以蓝屋群设有社会企业，如甜品店和素菜馆；此外，还有上面说的那种社区经济的互助设施，如"时分天地"等。

蓝屋群活化更新项目在 2017 年获得了联合国教科文组织最高的保育奖项（图 5）。

2.3 项目成功的关键

这个项目之所以成功，居民的参与不可或缺。如果不是他们住在那边几十年，几代人都住进蓝屋，在知道市建局的项目后很担心，不想搬离蓝屋，于是寻找福群会的帮助，就不会有"WE 哗蓝屋"这个项目。所以，一切的社区规划都得从居民开始。当然只有他们也不行，因为他们可能不够有力量，不是说他们没有能力，而是社区规划需要集合不同的力量，例如社会工作者帮助他们举办不同的活动，还有规划师、建筑师、测量师与学者帮忙游说协商，说明社区最重要的应该是里面的人和这些人所经营的空间，才是区内真正的文化遗产。那两个外国测量师更运用他们与政府的关系，促成蓝屋成为历史建筑伙伴计划的一个项目。当然尤其重要的，就是圣雅阁福群会，他们在社区服务超过半个世纪，成为街坊心目中至可信赖的伙伴。而政府的配合在这个案例中也十分重要。

3 社区规划案例二：拯救"棚仔"行动

3.1 "棚仔"的由来

第二次世界大战后，许多服装公司和卖布小贩都聚集在香港深水埗的汝州街。1978 年那里因为要修建地下铁路和重组巴士路线，当时的政府将 170 多个卖布小贩搬到了位于钦州街和荔枝角交会处的一个空地。至今，这里作为临时小贩市场已超过 40 年。小贩和顾客将这个临时搭建的面料市场昵称为"棚仔"（广东话意为"棚屋"）。现在只有 53 个运营商还在卖剩余的布料或与布料相关的产品和配件。他们的客源广泛，包括少数民族居民、时装设计师、设计专业学生、戏剧和电影制作人、手作者，及为家人缝制衣服的家庭主妇。

3.2 运行 40 年，面临关闭

1981 年，政府把临时市场的土地划为住宅用地。2015 年 8 月，布贩收到政府的通知，通知他们搬离，好腾出地块来建大概 200 个公共房屋单位。2015 年 10 月，小贩们成立了自己的关注小组，开始与来自不同背景的志愿者组织紧密合作，当中包括社会工作者、城市规划师、建筑师、学生、社区组织者、大学老师、设计师和时装商人等。经过多轮谈判，2016 年 2 月，政府提出愿意为没有牌照的小贩① 提供选择，使其可以搬到另一个临时市场，但随后所披露的细节很少。

3.3 "棚仔"不只是一个布市场

"棚仔"不仅是一个布市场，它还是一个充满集体回忆的地方，尤其是对于那些与时装和设计相关的行业。其实"棚仔"已经成为一个小社区。由于政府采取自由放任政策，"棚仔"一直都是由布贩自己管理。全盛时期，布贩曾经雇用保安人员来看管货物，处理电力供应和共同支付因为火灾破坏而需要重建的项目。他们一直在营造那块土地，如种植树木以降低温度；固定屋顶结构，使用防水布和塑料板制作"屋顶"，以防止雨天弄湿布料和衣服，并在阳光明媚时遮挡阳光（因为两者都会损害衣服的质量）；制定消防和安全措施，形成休闲空间场所等。可以说，"棚仔"一直以来都是一个和平的"自治区"。

"棚仔"不仅是一个非常紧密和自给自足的小社区，"棚仔"的布贩更是多代设计师、剧院制片人、电影电视和广告专业学生以及艺术从业人员的在地"导师"。"棚

---

① 香港政府在20世纪70年代初已经不再发新的小贩牌照，而旧牌照的持有人如果离世，就只有小贩的配偶可以继承，所以小贩助手是没有可能拿到认可的小贩牌照的。

图6 "棚仔"是设计学生的教室

仔"的布贩往往能够给他们适当的意见，让他们可以用最合适的布料来完成他们的创意设计，使他们的作品栩栩如生（图6）。对于这些客人来说，布贩就是他们的"街头教授"，他们具有非常实用的知识。这些年来，小贩及其顾客已经建立了长期的友谊。因此，当政府宣布要解散"棚仔"时，不同的利益相关者都齐心协力去拯救它，并帮助它实现不可能的梦想！

3.4 不同利益相关者一同拯救"棚仔"

当知道政府要拆"棚仔"时，从小贩到他们的顾客，从建筑师到电影制片人，从学生到教授，从志愿者到议员和公众，人们都争相支持"棚仔"。他们利用自己的专业知识来组织各种活动以拯救"棚仔"。

例如，无论有无牌照的小贩，都决定团结一致，上访、谈判、参与和共同组织各种活动。志愿者也帮忙组织了不同活动，包括布料手工艺品工作坊和时装秀，以彰显"棚仔"和布贩的价值。他们也尝试做"棚仔"故事馆以记录"棚仔"的历史。

建筑师和规划师提供了重要的研究成果，并举办了设计专题讨论会和社区规划研讨会，以鼓励小贩和设计师去面对挑战。艺术家、志愿者和时装设计师通过艺术装置、素描、摄影、时装表演和展览、电影制作、角色扮演展览会和培训讲习班传达了对"棚仔"的爱，并通过社交媒体传播了这些活动，使用艺术形式来争取社会正义。

立法会及区议会议员在各自的会议上进行了讨论，并试图向政府施压，以执行自下而上的建议。客户也参与社区规划研讨会和利益相关者的会议，为自下而上的方案提出意见。各利益相关者的活动都具有包容性和创新性，旨在通过建立联盟来倡导布贩经营"棚仔"的权利，并呼吁其他利益相关者重视挽救"棚仔"作为共享土地的重要性。

3.5 共同规划"棚仔"

最初，小贩们不想搬到另外一个临时市场（通州街天桥下的一个临时市场），一方面是因为那个地方有很多无家者，而且政府只允许他们使用五个闲置空间中的三个而已。但是，在与不同的利益相关者合作之后，小贩们鼓起勇气制定自己的梦想计划。另一方面，小贩们不想拥有一个仅仅容纳布料市场的地方，不仅希望看到一个新的"棚仔"布料市场，他们更想抓住这个机会来开发一个创新的地区枢纽，以培育新的可能性，使时装设计专业的学生可以将其用作资源中心，在公共场所进行时装表演，并创建一个供集体使用的社区空间，让不同的人，如制衣业的前工厂工人，可以继续利用他们的技能谋生。因此，他们希望将临时市场空置的五个街区都用于他们的计划（图7）。

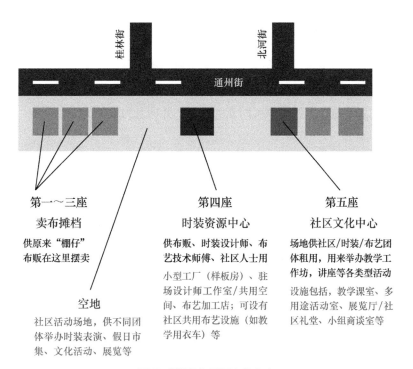

图7 "棚仔"民间自救方案

（图片来源："棚仔"关注组）

属于社区规划的一个关键特征是开发一个"棚仔"社区，以布料和时装中心作为一站式的服务点，为时尚或创意产业的从业者以及社区居民提供一个共同工作和联系的空间。成员甚至提出成立一个社会创意企业，为目标客户提供一系列的支持服务，从布料和配饰采购、时装设计、缝纫，贯穿到制成品。同时，社会企业可以协助个人设计师、缝纫工人、导师和其他非政府组织为公众举办织物手工艺品和制布工作坊。该提案的目标在四个主要领域进行了说明，包括社区、生产、传承和创新。

① 作为创意枢纽，为年轻设计师之间的共享和交流提供一个设计生产空间。目前的时装业只集中在世界一流的设计师身上，例如派出优秀的人才到国外接受培训，却忽视了当地创意时装业的发展。

② 作为制造商的实验室，设计生产空间可以提供资源并服务于社区。它使青年和社区居民有机会学习相关的手工艺和技能。该空间还可以为社区居民，包括当地家庭主妇、新移民和少数民族居民创造使用、培训和就业的机会。

③ 作为手工艺传承的基地，通过举办技能培训研讨会，与时装设计师和社区人士交流专业知识。

④ 作为本地的布料和时装展示厅，可以展示整个生产过程，包括从过去到现在的纺织和时装行业的机器、工具和仪器。也可以说明"棚仔"在深水埗纺织和制衣业中的特殊作用。

可以说各利益相关团体共同制定的计划不仅是为了继承布料和时装或创意产业，而且是为了通过布料市场与社区之间的联系来振兴该地区。更重要的是，由于搬迁地点有许多无家者，布贩最初只是希望将他们搬走。而当志愿者向他们解释无家者的处境时，布贩们开始愿意了解无家可归者的需要，并同意为他们的需要发声，以实现双赢的局面。

3.6 "棚仔"的启示

拯救"棚仔"的行动启动了一个良性的参与循环，不同的利益相关者共同组织各种活动，向社会传达"棚仔"的价值。各利益相关者也积极考虑成立一家社会企业，并试图说服政府允许其他安排来经营新的布料市场。即使政府坚持拒绝承认17个无牌照"棚仔"布贩的重置权利，他们也并没有因收到遣散通知而气馁，反而更加团结起来去争取。他们更积极地与其他利益相关者合作，为无家者寻求解决方案。

政府到现在都没有搬迁"棚仔"，也不知道政府会否发牌给那17位不获承认的布贩。而"棚仔"的地方营造把停车场转变为具有社会资本积累和多种用途的公共领域，在有限的空间组织了无数的活动，以提升利益相关者对时尚和创意产业、旧衣服的升级再造和手作文化等的意识。整个拯救"棚仔"的运动将一个面临被"消灭"的临时市场转化成一个认识社区遗产、历史、地区经济发展，以及培育设计业和共有资产以至可持续发展的场所。最重要的是，这是一项集体的城市实验，以寻找可以解决城市各种问题的理想方案。

4 香港社区规划制度化的机遇与挑战

从以上的例子可以看到，香港在社区规划方面的人才绝对不缺乏。其实在大学里有关于规划、环境管理或是社会工作等科目，都有非常严格和具备认证的课程。而社区内或者是在公民社会中间也举行了很多关于社区营造的活动，在公民社会与市民自理社区的培训中扮演了相当重要的角色。以规划专业为例，课程安排学生到社区了解居民的生活状况和各种需要，再与社区团体和各方人士共同规划。

此外，香港旧区可以说人情味浓厚，对社区的归属感也非常之高。而且香港社会有很多非营利组织，以及不同的专业人士，都是有心有力地去服务地区的居民。

那社区规划制度化的挑战主要在哪呢？从以上两个案例都不难发现主要的阻力来自政府。至今，一些政府官员都没有社区规划的概念，他们也不明白社区规划的重要性。就像蓝屋和"棚仔"的例子，政府的角色被动，反而是不同的专业会互相合作去一起推动社区规划。虽然这种跨界的合作算是刚起步，还没有做得很好。但是香港的优势是拥有这种社会组织，纵然资源缺乏，仍然用心去做。

要让社区规划制度化，政府需要在规划署加设社区规划部，与不同社区合作，制定在地的社区规划。社区规划应该成为法定分区计划大纲图的指引。扎实的社区规划也可以验证《香港规划标准与准则》是否合宜，一举多得。

更重要的是制定社区规划的过程和内涵。政府做社区规划时，要分三步走。首先，要遵循可持续发展的原则，包括环保、生态健康元素、好的管治制度、活泼的地区经济、空间的设计、公平的制度对社区的发展都很重要。其次，进入一个社区时，应尽快获得在地知识，找出那些利益相关的团体，找出议题，然后制定规划和实行方案。例如找不同的团体，就不同的议题成立不同的工作小组，去厘清议题，然后再提出方案给地区的跨部门政府来参考和推行。第三，就是规划师不能只停留在规划阶段，一定要参与推行方案，才能够从实践中学习，以优化下一轮的规划。

更重要的是，我们不要也不能只是看到社区的问题，社区规划的精神要把社区看成宝贵的资产，要看到里面的人、组织和其他可以运用的资源。这就是规划界常常说的"ABCD"（asset-based community development），意思就是以社区资产为本的规划。

要理出社区里面的资产，可以请社区居民作研究员，他们住在社区里面、有归属感。这样既可以创造就业，又可以开发区里最宝贵的资源——人的才能。譬如，一些人很有爱心去帮助其他人；也有些人比较聪明，会用智慧建设社区；还有一些人，他们手艺一流。这样，大家就用个人的才能来做不同的事，把社区优化搞活，慢慢把它变成一个可持续的社区。

收集资料后，就可以邀请不同的利益团体来"发梦"，建立众人对社区未来发展的愿景，然后再探讨如何使梦想成真。通过调查研究，带出社区的特色，形成一个可持续发展的社区，让社区变成每一个人都可以好好成长的地方。

最后，不同的社区有不同的需要和类别（表2）。在规划时，可以看它是社区楼宇比较旧，还是真的要把社区拆掉重建。另外，社区里面的社会经济资本是强还是弱也要注意。如果楼宇只是稍旧了一点，但是它里面的社会资本很丰富的话，其实就不用管它，也不需要特别的社区规划师，因为它其实就是一个可持续发展的社区。但是如果社区有很好的社会经济资本，但是它的楼宇却十分破旧、需要重建，在重建的时候要特别小心，应该尊重居民的社区网络，使其在重建的时候能够得到维护。另外，如果社区根本没有什么社会资本，楼宇也只是稍旧了一点，那就应该提升这个社区的社会经济资本，例如做一个非常好的公共空间，让人可以到这些空间里面建立关系，成为一个关系丰富的社区。最后，如果在重建一个残旧的社区时，没有人管，人们也漠不关心的话，我们便要注意重建之后的设计，尽力提供美好的环境，包括自然要素和以社区为本的公共空间，以提升居民身心健康。

不同社区有不同需要　　　　　　　　　　　　　　　　　　表2

	强劲的社会经济资本	弱势的社会经济资本
旧楼	社区拥有"自我更新"的质数——可持续社区	提升地区资产 ① 建立可持续小区 ② 多元化 ③ 公共空间 ④ 城市设计
残破的楼宇	改善居住环境 ① 重建 ② 修复 ③ 合作社建屋计划	重建以培育"自我更新"的素质

参考文献

[1] 何佩然. 城传立新：香港城市规划发展史 1841－2015［M］. 香港：中华书局（香

港）有限公司，2016：139，143.

［2］香港特别行政区政府. 第 131 章 城市规划条例，2015. https：//www.elegislation.
gov.hk/hk/cap131?xpid=ID_1438402659016_002.

［3］香港特别行政区政府规划署. 年报 2019：关于我们—规划体系，2019a. https：//
www.pland.gov.hk/pland_en/press/publication/ar_19/pdf/ar2019_tc.pdf.

［4］香港特别行政区政府规划署. 香港便览：城市规划，2019b. https：//www.gov.hk/
tc/about/abouthk/factsheets/docs/town_planning.pdf.

［5］香港特别行政区政府规划署. 香港 2030＋：跨越 2030 年代规划远景与策略，
2017. https：//www.hk2030plus.hk/SC/index.htm.

［6］香港特别行政区政府规划署. 香港 2030：规划远景与策略，2007. https：//www.
pland.gov.hk/pland_en/p_study/comp_s/hk2030/sc/home/.

［7］香港特别行政区立法会.《2003 年城市规划（修订）条例草案》委员会：背景资
料简介，no.CB1/BC/12/02，2003. https：//www.legco.gov.hk/yr02–03/chinese/bc/
bc12/papers/bc120918cb1–2390–1c.pdf.

［8］湾仔区议会. 我们的石水渠街，2006.

日本：社区规划工作机制的四种类型

饒庭伸　金　静（译）

1　引言

　　在日本，社区规划（community planning）这个词有时被称作"社区营造"（日语
machitsukuri），有时候也会被称作"市民参加型社区营造"。原本，"社区规划"指为
了让一些亲近居民生活的空间，如道路、公园、公民馆、图书馆等，便于居民使用而
认真地做设计的工作，后来发展为让居民们一起参与到设计过程中来的方法。现在，
关于居民身边的空间、居民与居民之间关系或组织的设计也可以被称作"社区规划"，
或者"社区设计"。如果去到日本的书店，你会看到整个书柜都放满了"社区营造"相
关的书，可见在日本这方面的工作已经有相当多的积累了。"社区营造"的发展最开
始可以追溯到 20 世纪 60 年代的末期，其兴起的巨大转机要数 1995 年的日本阪神淡
路大地震，以及 2011 年的东日本大地震，这是由于在巨大灾害后进行重建复兴的过
程中，人与人的关系、互相救助的重要性再次得到了确认。当今的日本，全国各地都
在开展社区规划方面的工作，其中的核心人物有很多是在东日本大地震中体会到"人
生发生变化了"这样的感悟的人。这样的变化，或许在中国 2008 年汶川地震灾区重
建过程中也同样发生过。

　　在中国，政府和市民之间的关系与日本情况当然是不同的，即使是在相同的国
家、相同的政治体制之下，政府与市民的关系也是随着时代而变化的。在日本，"社区"
（community）这个词在城市政策中的登场始于 20 世纪 60 年代末。"社区规划工作者"

作者简介：饒庭伸，东京都立大学都市政策学科教授；
译者简介：金静，大鱼社区营造发展中心副理事长。

这个词虽然当时并没有出现，但是支持社区成为专家的职能之一也差不多是 20 世纪 60 年代末的事情。从那以后的 60 年里，诞生了各种各样社区规划工作的机制，有的成功，有的失败，有的改变形式延续到了现在。如今日本社区规划工作的机制，是在 60 年间不断摸索试错的基础上成型的。然而，这样的机制很难想象可以直接被复制到中国，也可能在日本无法建立起来的机制反而可以在中国获得成功。

本文通过回顾日本社区规划工作机制演变的历史，将历史中曾经被尝试的各种方式方法进行分类，目的是整理出各种类型在什么样的状况下会更有效。这可以看作是社区规划工作机制的经验总结和类型学研究。中国的研究者和实践者可以据此选择适当的类型，这或许可以成为找到最优答案的启示。

2 社区规划工作机制的类型学研究

那么，社区规划工作的机制，是在什么基准之上被类型化的呢？我们先来想想社区规划工作者的作用吧。社区规划工作者的作用，是站在政府与居民之间连接两者的关系，或者是创造居民之间的关系，直面社区面临的课题并进行解决。从反面来讲的话，这样的作用会根据政府与居民之间关系、居民之间关系的不同而产生变化。

所以，本文从两个维度开展关于社区规划工作机制的类型化研究。一个维度是政府在解决社区的各种问题时是否拥有足够的权力与资源。简单来说，就是想要解决社区问题的政府是强有力的，还是比较弱势的。另一个维度是居民是否有足够的权力和资源来解决社区问题。简单来说就是居民力量的强弱。基于这两个维度，政府与居民之间的关系就可以分为四种情况：第一种是政府和居民都强大；第二种是政府强大，而居民弱势；第三种是政府和居民都处在弱势；第四种是政府弱，居民强（图 1）。

这四种情况在历史中会发生变化。为了应对这种变化，日本自 20 世纪 60 年代末起，针对这四种情况创建了社区规划工作的机制。如果只拿日本的历史背景来解释的话，社区规划工作的机制当初是在 20 世纪 60 年代（假定是在第一种情况下）被建立起来，但并未得到充分利用。随即建立了假定在第二种情况下的机制，却又仅在有限的状况下起作用。直到 20 世纪 80 年代，假定在第三种情况下的机制得以建立，并且稳定了下来。然后，随着 20 世纪 90 年代非营利组织的成长等因素，居民逐渐有了力量。现在，假定第四种情况下的机制正在运行。然而，如上所述，像这样的历史背景是日本特有的，尚不清楚中国城市适用于四种情况中的哪一种。根据不同的情况，在日本没能起到长期作用的第一和第二种情况下的机制，或许在中国城市中会有成效。笔者将在以下章节中分别解释每一种机制类型。

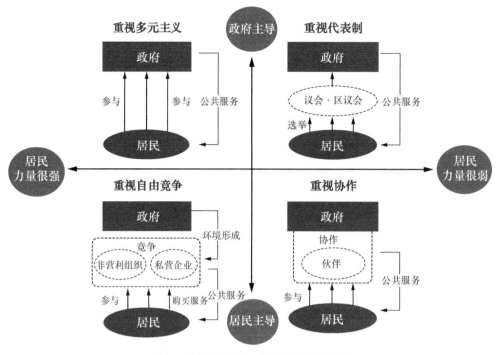

图1 日本社区规划工作机制的类型划分

（图片来源：飨庭伸绘制）

3 重视多元主义的类型

首先是第一种，在政府和居民都很强大的情况下会创建出什么样的机制？这种情况是社区中已经有许多居民和居民组织在活跃地开展活动了，政府则主导性地给社区提供公共政策。社区的居民及居民组织是多元化的，形成了诸如因关心环境问题而联系在一起的群体、因振兴商业而联系起来的群体，以及因种族而联系起来的群体等。

在这种情况下，政府与居民之间会建立起丰富的协调流程，使得每一个居民以及居民组织可以平等地发表意见、进行议论和作决定。文中称其为"重视多元主义的类型"。例如，针对荒废的地区道路和公园等环境整治问题时的应对流程是，通过开展多场说明会以及讨论会，使得市民和周边居民以及非政府组织等都可以表述意见，在开放的环境下，在多方意见互相碰撞中决定整治环境政策。这种方法类似于美国规划师戴维多夫（P. Davidoff）在1965年提出的"倡导规划"思想。这个思想可视为由他曾经作为律师的经验所催生。规划者就像代理律师一样，代表着各种团体和个人，在决策过程中以规划者的身份与政府就各种意见展开探讨，并最终作出政策决定的方法。这里所说的社区规划工作者的作用就是担任各个多元化社区的代言人，或者说是社区的辩护人这样的角色。就像法庭上的律师一样，要彻底站在自己所代表的社区的立场上，发挥捕捉社区的意图、收集数据并为社区提出最佳方案的作用。

这种类型于 20 世纪 60 年代在日本首次进行尝试。但是，这种类型没有被广泛使用，也没有在社会中扎根。这是因为日本的居民及居民组织当时并没有那么多元化，也没有那么活跃的关系。那在中国又是怎么样呢？笔者认识的中国人大多很喜欢发声且积极参与讨论，这种各种意见平等碰撞的类型在中国或许是有可行性的。

4 重视代表制的类型

然后是第二种情况，政府强而居民弱，这种情况下会创建出什么样的机制呢？尽管居民的想法各不相同，但却没能形成组织化，因此无法在政策中充分体现其各式各样的想法。在日本，例如在城市化时期人口迅速增加的大城市的郊区，就存在这种类型。人口急剧增加的地区中，居民们都是刚搬迁过来，彼此之间并不了解，因此就会形成既没有组织，也没有人可以汇总居民们的声音的情况。

在这种情况下，城市被划分为多个小型住区，在政府与每个住区的居民之间，设置一个由居民代表参加的小型会议机构。这些小型会议机构被冠以不同的名称，这里就沿用代表性案件之一的东京都目黑区的"住区协议会"这个名称。在日本，"住区"指的是社区的某个地理范围，实际中日本常常沿用小学学区和中学学区等范围。住区是根据人口和地理状况将地方政府的区域范围均等切分的单位。"住区协议会"则是作为代表每个住区的会议机构而设立，负责讨论在住区中发生的各种问题及对策，并且有向政府提出相关建议的作用。这就像一个小议会，所以文中称这种类型为"重视代表制的类型"。在这种类型中，社区规划工作者会向住区协议会提供专业意见，也会接受委托进行政策制定等。

这种类型也在世界其他地区被采用。日本的做法就是参考了意大利博洛尼亚的"区民评议会"机制，中国大陆和台湾地区也基于"社区"这个词建立了各种机制。

但是，在日本，这种手法并未在全国范围内得到推广。最大的原因是与过去就存在的地方政府议会的关系难以协调。而为了使该机制正常运作，其与议会之间的协调工作是必须的。实际上在博洛尼亚"区民评议会"机制中，其作为议会的一部分占有一席之地，但是在日本的情况是，这种方法在与议会关系仍然存有矛盾的情况下被导入。而且这种方法加上传统的地方议会，使得"议会型的东西"又增加了。如果每个住区都设立一个小议会，那么各自的行政工作就不得不由政府职员来负责。只有少数地方政府能够为"住区协议会"投入这么大的人力，因此这种方法也如退潮般远去。

那么类似的机制在中国的实施情况会是如何呢？尽管笔者对中国的治理机制并不

算了解，但从一些经验来看，在中国，"社区"这个单位无论在空间上还是组织上都要比日本稳固得多。是否信任或者依赖它另当别论，至少人们都知道"社区"的存在，知道从哪里到哪里是一个社区，也知道有谁在从事社区的工作。在日本这是没能做到的，因此"住区协议会"的机制类型在中国可能会得到长足的发展。

5 重视协作的类型

第三种是在政府与居民力量都比较薄弱的情况下，会建立什么样的机制呢？由于政府的力量薄弱，如果把资源投入所有地方就会变得没有效率，所以只能解决有限的场所的问题。在那个时候建立的机制是，选择城市中问题突显的场所，与当地的居民组织建立深厚的关系，使得政府与居民组织以互相协作的方式来解决问题。这与"住区协议会"只是代表住区向政府传达提案的"重视代表制的类型"不同，这种类型会让政府与居民组织之间形成特别的关系，来共同解决问题。本文中将其称为"重视协作的类型"。

重视协作的类型又是什么样？让我们通过具体的案例来看一下。日本神户市的真野地区是一个住宅与工厂混合的地区，由于道路狭窄，旧的木造住宅的重建很难推行，在防灾方面存在比较大的隐患。与此同时，当地因为除公害以及地区的老年人养老等问题，相关的居民活动变得活跃。在那里，集结了居民代表的"真野地区社区营造讨论会议"于1978年成立，城市规划专家被派到该地区，对具体的地区规划进行了探讨。耗费两年时间整理出来的城市规划方案（图2）包括：一边诱导建筑逐一进行重建，一边转移该地区的住房和工厂，使得土地利用更加集约化；让建筑慢慢后退，拓宽道路；以及为受到规划影响而搬迁的居民在该地区建设公共住宅等微观策略。如果没有政府部门的推进，这样的规划当然是无法实现的，但是这里还涉及私有地的搬迁问题，就必须要得到居民的接纳与合作，这比任何事情都要花时间。接受了这个提案的神户市政府和更名为"真野地区社区营造推进会"的居民组织建立了协作关系，并且在促进该地区的城市规划上已经共同实践了30多年。

像这样，政府与特定的居民组织搭建起关系，通过反复协商来解决问题的方式就是重视协作的社区规划类型。因此，政府聘请社区规划工作者来负责一个地区，其作用是站在政府与居民组织之间以协调关系，并制定出符合双方意向的计划。

此后，这种重视协作的类型已遍及整个日本。真野地区是在防灾和改善生活环境等方面存在问题，除此以外，这种类型还不断地扩展到存在商业街活力提升、城市再开发以及历史街区保护等其他问题的多个地区。在这种类型得到确立的1980年前后，

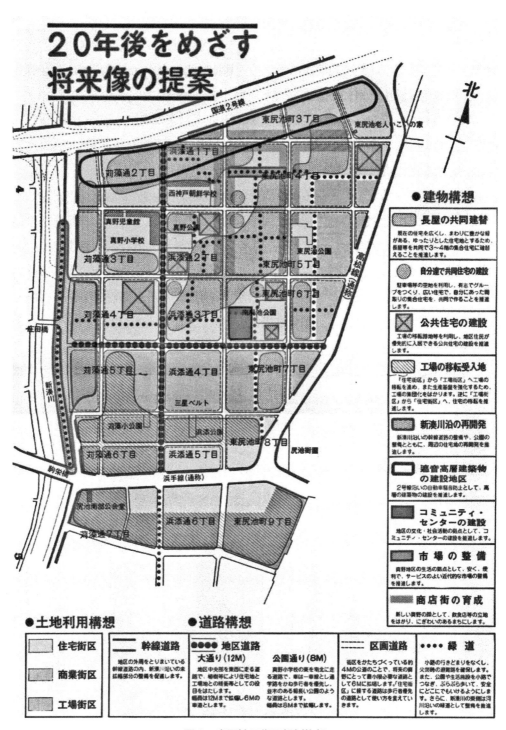

图 2　真野地区街区规划构想

（图片来源：真野地区社区营造推进会. 真野地区街区规划构想［R］, 1980.）

当时的状况是日本的城市空间随着经济增长整体变得更加丰富，还有部分城市层面的课题仍然存在。"住区协议会"原本把整个城市都作为对象，但效率不高。后来人们发现，如果在战略上将政府和居民的力量投放到那些仍然存在课题挑战的地区是更有效的，因此重视协作的类型便得到了广泛传播。

神户市和东京的世田谷区都为了运用这种协作型的社区规划制定了自己的法律来确立体系。根据一项名为《社区营造条例》的法律，当地居民可以创建一个名为"社区营造协议会"的组织以参与街区规划，通过这个社区营造协议会可以与政府进行协商，并且针对自己街区的规划可以向政府作出提案，而政府会把接收到的居民提案在社区规划中予以实现。这被定义为"组织""协商""规划""实现"四个步骤。确立了该体系的神户市在 1995 年阪神淡路大地震中遭受了严重破坏，但在城市重建过程中设立了近 100 个社区营造协议会，各个地区的政府和社区营造协议会共同协作，通过为社区的受害者提供住房、为防灾重新规划道路与公园等，促进了城市的灾后重建计划。

另外，在东京的足立区还有把"重视代表制的类型"和"重视协作的类型"混合在一起的做法。1986 年制定的《足立区地区环境整备计划》将一个区分为 70 个地区，对每个地区都指明了详细的地区发展方针。该计划的优点在于，清楚地表明了这只是政府提出初步草案，然后以此为起点，在各个地区分阶段地设置与居民协商的场所，每个地区都完成独自的规划来推进项目。换句话说，其中的每个地区都是采取居民与当地政府互相协作的社区营造方式。从人力投入的角度来看，不可能同时在 70 个地区进行社区营造工作，所以这里就采用了分段式的推进方法。从那以后，这 70 个地区的规划框架虽然会随着时间而改变，但迄今为止，已经有 20 个地区用这种方式在开展规划工作（图 3）。

图 3 《足立区地区环境整备
计划》的地区划分图

（图片来源:《足立区地区环境整备计划》，1986）

这种类型的社区规划在中国会如何演变呢？如上所述，中国城市中的社区单元虽然很清晰，但在不同的社区中，居民团结度的强弱、社区领袖力量的有无都会不同。如果要公平地向所有的社区都派遣社区规划工作者来推动社区营造的话，社区规划工作者一定会不够用，社区组织的能力也会有出入。可以考虑选择一些居民团结力强、社区领袖有力的社区来派遣社区规划工作者，将其作为社区营造策略的示范点，把在那里收获的经验慢慢梳理成稳妥的方法，这样的重视协作的社区规划类型或许是更有效的方法。

6 重视自由竞争的类型

最后是第四种，在政府力量弱而居民力量强的情况下，会建立什么样的机制呢？居民组织积极展开活动，各自开展自己的工作。与其说是居民，不如说是市民组织，或者非政府组织更容易理解。这些组织具有专业性和地区性，代替政府肩负各种职能而展开活动。这些组织不仅向政府表达了各自的意见，还充当了面向居民们提供社区服务的职能。在这种情况下，具有自由性和竞争性的非政府组织构建了自身的网络，并与政府协作，积极解决城市的问题，笔者将其称为"重视自由竞争的类型"。

在日本，最早有意识地尝试这种重视自由竞争类型、建立活动体制的是东京的世田谷区。20世纪80年代，以"社区营造协议会"为中心，建立了重视协作的机制类型的世田谷区关注到，在该地区出现了针对绿化问题开展活动的居民组织、致力于解决社区问题的城市规划专家组成的队伍、致力于解决儿童和城市之间问题的学生团体等市民组织，并且已在开展各种活动。世田谷区还认识到，像这样的多个活跃在社区的组织，通过形成有机网络连接相互的资源，也许可以更好地解决城市课题。1991年发表的《世田谷区社区营造中心构想》就是提倡行政、企业、市民各自形成网络关系，共同来解决社区课题。如图4所示，正中心的圆圈表示"社区营造中心"，其中包含名为"活动小组"和"专家小组"的小圆圈，前者由居民组成，后者由专家组成（可以理解为社区规划工作者）。像这样，社区规划工作者组成的小组在这个网络的核心位置发挥着作用。

接下来介绍基于这个构想而实际创出的两种活动机制。其一是1992年成立的名为"世田谷社区营造中心"的专业者团体，主要为市民提供技术上的支援。该组织雇佣有社区规划工作者，在面对市民提出规划方案时，社区规划工作者不仅能提供技术知识上的支持，还具备促进多方达成共识的能力。社区规划工作者还会开设关于工作坊方法的讲座，有时也会亲自举办工作坊，与市民一起制定社区规划方案，同时还承

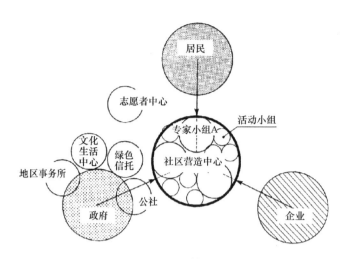

图4　世田谷区社区营造中心构想

（图片来源：日本东京都世田谷区. 世田谷区社区营造中心构想. 1991.）

担协调市民与政府之间关系的任务。这个社区营造中心还出版了四本名为《参与社区营造的工具箱》的工作坊指南图书。不仅在世田谷区内，该指南也对全国范围产生了深远影响。这个称为工作坊的方法，旨在于开敞自由的场所里召集参与者开展创造性的议论。这个方法，在重视自由竞争的社区规划类型中，是社区规划工作者应该掌握的技能。像社区营造协议会这样的重视协作类型的组织那样，重视自由竞争的类型也并不总是以同一组织、同一成员为中心。有时，不同市民团体的成员也会聚集一堂，共同对社区规划进行提案。通过开展工作坊的方法，让互相不熟悉的参加者交换意见，引导他们提出各自的方案，并在短时间内达成共识（图5）。

　　作为参考，在这里也分享一些工作坊的方法。

　　图5中左上角的照片运用的是被称为"格列佛地图"的方法。把大张的地图在地

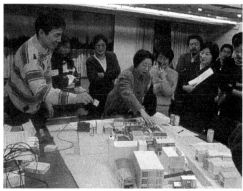

图5　各种工作坊的开展方法（一）

（图片来源：右下图由日本长野县饭田市提供，其余为縒庭伸摄影）

图5　各种工作坊的开展方法（二）

（图片来源：右下图由日本长野县饭田市提供，其余为飨庭伸摄影）

面上展开，参与者们都站到大地图上，把与城市有关的信息写在地图上与大家分享，把自己的提案与大家交流。站到硕大的地图上本来就是一件有趣的经历，这种方法能使参与者不论年龄和性别，都体验到融洽的讨论气氛。

　　右上角与左下角的照片是被称为"设计模拟游戏"的方法。在对空间进行设计的时候，提前准备好制作模型的材料，这是让工作坊的参与者可以自由地展开思考的一种手法。根据想到的主意就可以当场即兴地做出一个形态来，这种手法可以使得参与者互相之间讨论的具体性有所提升。

　　右下角的照片是被称作"剧场工作坊"的方法。参与者们会一起思考如何通过戏剧来表现自己意识到的问题等，是一种通过表演分享自身想法的手法。

　　另一种活动形式是1992年成立的"世田谷社区营造基金"，它用于支持每个小型市民团体的活动。世田谷社区营造基金每年向市民征集一次与社区营造有关的活动提案。市民团体提出自己想要进行的活动内容，如果该提案被公开审查会认可，就可以获得活动资金，并进行为期1年的实践活动（图6）。市民团体不仅能够得到社区营造中心的支援，而且可以在每年举办两次的活动报告会上相互了解彼此的活动。每年会有近20个小型组织获得支持在世田谷区内开展活动，各自实现或大或小的活动成果。虽然每一个市民组织的规模都较小，但它们慢慢地生长出了横向的连接，不久就成长为像网格一样的组织网络，共同解决世田谷区日益多样化的城市课题。这就是社区营造基金成立之初的目标。从基金设立到2018年，一共进行了25次资助，实际有374个主题不一的市民团体在这个计划的支持下进行了活动。

　　1998年颁布的《非营利组织法》也推动了重视自由竞争类型的活动。根据这项法律的规定，即使是小型市民组织也可以获得法人资格。这使得小型市民组织能够建立其活动的基础，并且在市民组织之间对各自的情况也有了认知。基于该法律，1999年

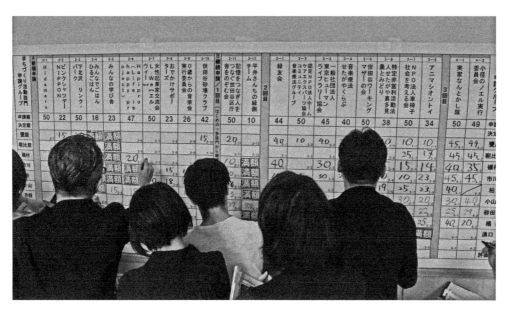

图6 世田谷社区营造基金进行公开审查会时的情景

（图片来源：飨庭伸摄影）

有约 1000 个非营利组织申请成立，2002 年更是超过 10000 个，目前日本已经成立了超过 50000 个非营利组织。

　　像这样让小规模的非营利组织相织相连，并对这些非营利组织一个个进行支援的组织，被称为"中间支援组织"，它也是重视自由竞争类型中的重要角色。许多非营利组织为解决摆在面前的急迫课题已经非常忙碌，因此常常疏忽自身的组织管理和运营。中间支援组织直接对每个非营利组织的管理和运营提供支援，又或者牵动政府和企业的力量，在其与各个非营利组织之间牵线搭桥，间接提供支援。说到中间支援组织的先驱性组织，1979 年在奈良街区景观保护运动中诞生的"奈良社区营造中心"便是代表之一，此外还有 1988 年起在神奈川县展开活动的"神奈川社区营造情报中心"（俗称"爱丽丝中心"）等组织。

　　像这种重视自由竞争的社区规划类型，就这样通过一个个小型的市民团体以及它们的网络来解决城市问题。如果说前述提到的重视协作的类型是通过设定城市区域、用城市规划的覆盖来解决城市问题，可看作"面"的话，那么重视自由竞争的类型就可以说是由市民团体及其形成的网络用"点"和"线"来解决城市问题。

　　那么这种类型在中国会如何发展呢？非政府组织的活跃是 21 世纪的世界性潮流，笔者有耳闻在中国也有很多被称为"社会组织"的非政府组织在积极进行活动。在日本，这种类型在 30 年前刚被提出时，互联网还未普及，市民团体的信息共享渠道也很少。因此，在日本这种类型花了很长时间才得以稳定下来。然而，当下时代的信息技术已经非常发达，它或许会成为以爆发式的速度成长的类型。笔者认为，中国的市民对"工作坊"这个交流方法具有很强的亲和力。大部分日本人不擅长与刚相遇的人交谈，而中国人好像很少有这样的困惑。工作坊是一种在短时间的集会中密集地交换意见、创建共识的方法，这与中国人自古就有的沟通方式有相似之处。笔者认为，也许随着工作坊方法在中国的传播，更多的非营利组织和市民团体能够创建关联，共享解决城市课题的对策，并会展开更多的协作。

7　结语

本文分为四种类型阐释了日本社区规划工作的机制。就像在文章开头说的那样，中国与日本有着截然不同的社会构造，不知道这四种类型中的哪一种会对中国有参考的价值，也有可能中国会产生第五种类型。不管怎样，笔者抱着对中国社区营造蓬勃发展的祝愿写下此文。

参考文献

［1］Shigeru Satoh. Japanese Machizukuri and Community Engagement: History, Method and Practice [M]. UK: Routledge, 2020.

［2］（日）佐藤滋，饗庭伸等. 社区规划的设计模拟［M］. 黄杉，吴骏，徐明译. 杭州：浙江大学出版社，2015.

［3］佐藤滋，早田宰，饗庭伸等. 地域協働の科学：まちの連携をマネジメントする［M］. 东京：成文堂，2005.